DESIGN THINKING LIVE

Christoph Meinel . Ulrich Weinberg
Timm Krohn (Hrsg.)

DESIGN THINKING LIVE

WIE MAN IDEEN ENTWICKELT UND PROBLEME LÖST

MURMANN
MURMANN PUBLISHERS

Dieses Buch wurde klimaneutral produziert:

Print CO2 kompensiert
Id-Nr. 1443403
www.bvdm-online.de

Bibliografische Information der Deutschen Nationalbibliothek
Die Deutsche Nationalbibliothek verzeichnet diese Publikation in der Deutschen Nationalbibliografie; detaillierte bibliografische Daten sind im Internet über http://dnb.d-nb.de abrufbar.

Lektorat: Evelin Schultheiß, Ahrensburg
Redaktion: Axel Menning, HPI D-School, Potsdam
Herstellung, Umschlaggestaltung, Layout und Satz: Murmann Verlag
Druck und Bindung: freiburger graphische betriebe, Freiburg
Printed in Germany

ISBN 978-3-86774-427-0

Besuchen Sie uns im Internet: www.murmann-publishers.de
Ihre Meinung zu diesem Buch interessiert uns!
Zuschriften bitte an **info@murmann-publishers.de**
Den Newsletter des Murmann Verlages können Sie anfordern unter
newsletter@murmann-publishers.de

INHALT

Für Hasso Plattner

DANK

Im Herbst 2013 hatten wir die Idee, einen Erzählband über die Faszination am Design Thinking herauszubringen. Also haben wir Freunde, Bekannte und Partner aus unserem Netzwerk eingeladen, sich an diesem Projekt zu beteiligen.

Neben allen, die ihre Erfahrungen und Erlebnisse zum Design Thinking in diesem Band präsentieren, gilt unser Dank für die Koordinierung und Umsetzung des Vorhabens den beteiligten Kollegen am Hasso-Plattner-Institut.

Unser besonderer Dank gilt Axel Menning für die redaktionelle Betreuung, und Evelin Schultheiß für das Lektorat. Bei Christina Knüllig, Dr. Sharon Nemeth und Miriam Yasbay bedanken wir uns für die Bearbeitung und Übersetzung der in englischer Sprache verfassten Texte. Pascal Ackerschott und Anja Harnisch danken wir für die grafische Unterstützung. Der Dank richtet sich auch an Petra Neye für die Öffentlichkeitsarbeit und an Heike Balluneit und Kristin Wagler für ihre Unterstützung.

Die Herausgeber

DESIGN THINKING LIVE – EINE EINFÜHRUNG

Was haben ein emeritierter Stanford-Professor, ein rollstuhlfahrender Sozialunternehmer, eine malaysische Regierungsbeamtin und ein deutscher TV-Showmaster gemeinsam? Sie alle sind in den letzten Jahren in Berührung gekommen mit einem neuen Denkansatz, sie alle sind davon begeistert und: Sie alle berichten über ihre Erfahrungen in diesem Buch. Die Rede ist von »Design Thinking«, ein Terminus, den noch vor wenigen Jahren in Deutschland kaum jemand kannte und der mittlerweile nicht nur in den Sprachschatz vieler Ausbildungseinrichtungen Einzug hält, sondern auch in den von Chefetagen vieler Unternehmen und Organisationen.

Schon wieder so ein Anglizismus, der in den deutschen Sprachgebrauch einfließt und das Business-Denglisch anreichert? Was steckt hinter diesen beiden Begriffen, die auf Anhieb nicht zusammenzupassen scheinen und die Aufmerksamkeit in scheinbar unterschiedliche Richtungen lenken? Handelt es sich um eine neue Art des Designs? Neben Grafik-, Produkt-, Industrie- und Kommunikationsdesign nun ein Design des Denkens? Oder handelt es sich um eine neue Form des Denkens, eine neue Philosophie etwa der stromlinienförmigen, wohlgefälligen Gedanken?

Nein, hinter Design Thinking steckt ein neuartiger Denk- und Arbeitsansatz, der uns helfen soll, mit der zunehmenden Komplexität unserer Welt besser umzugehen, schwierige Problemstellungen auf unorthodoxe Weise zu lösen, und letztendlich der Wunsch, die Potenziale menschlicher Leistungsfähigkeit besser zur Entfaltung zu bringen.

Seinen Ursprung hat Design Thinking in den zwanziger Jahren des letzten Jahrhunderts in Deutschland. Das Bauhaus, gegründet von dem Architekten Walter Gropius in Weimar und später Dessau, war ein erster Versuch, durch die Zusammenführung unterschiedlicher Disziplinen wie Kunst, Architektur, Theater, Musik, Gestaltung etc. die Lösungskompetenz für komplexe Fragestellungen zu erhöhen und eine größere Vielfalt von Möglichkeiten zu eröffnen. Fragt man Professor David Kelley, der vor etwa zehn Jahren den Terminus »Design Thinking« in Stanford mit seiner mittlerweile weltweit bekannten »d.school« in die Hochschullandschaft einführte, nach seinen Inspirationsquellen, dann nennt er als erste die deutsche Bauhaus-Bewegung.

MIT EINEM RADIKALEN BRUCH BEGINNEN: INSTITUTE OF DESIGN AT STANFORD

David Kelley und mit ihm eine Reihe weiterer Professoren der Stanford University sind allerdings noch einen radikalen Schritt weiter gegangen als die Kollegen des Bauhaus. Sie entwickelten mit der d.school einen Ansatz, der Studierende nicht nur aus den gestalterischen Disziplinen, sondern auch aus allen anderen Disziplinen einlud, gemeinsam an der Lösung komplexer Fragestellungen aus allen Lebensbereichen zu arbeiten – Kunst und Wissenschaft wurden hier in einen gemeinsamen Denk-, Sprach- und Handlungsraum zusammengeführt. So kamen Medizinstudenten, Juristen, Betriebswirte, Architekten, Informatiker, Psychologen und Maschinenbauer zusammen, um in kleinen, gemischten Teams an der Lösung komplexer Fragestellungen zu arbeiten. Wie man in Entwicklungsländern Bewohnern auf dem Lande, fernab von jeder Energieversorgung, zu elektrischem Licht verhelfen könnte, war eine dieser Fragen. Heraus kam 2007 ein neuartiges, solargespeistes Lichtmodul, das »d.light«, das bis heute rund 28 Millionen Menschen die Wohnstube erhellt. Das Studenten-Team, das in der d.school die Idee entwickelte, gründete ein Unternehmen, das mittlerweile 300 Mitarbeiter beschäftigt und über 16 000 Verkaufsstellen in 62 Ländern der Erde mit ihren Solarlampen beliefert.

Die d.school folgte nicht mehr einem traditionellen Curriculum, in dem kontinuierlich vorbereiteter Lehrstoff angeboten wird, sondern arbeitete projektorientiert, offen für alle Fragestellungen aus Industrie und Gesellschaft. Weniger technische und wirtschaftliche Aspekte standen im Zentrum der Arbeit, sondern vielmehr der Mensch mit seinen sich ständig verändernden Bedürfnissen. Treiber war hier die Erkenntnis, dass komplexe Problemstellungen, mit denen unsere Gesellschaft zunehmend konfrontiert ist, am besten in einer komplexen Arbeitsumgebung, in der auch Nichtexperten eine Stimme haben, gelöst werden können. Ein weiterer radikaler Schritt war, keine Einzelbewertungen für die teilnehmenden Studierenden zu vergeben, keine Noten. Hier auch der vielfach durch Studien belegten Erkenntnis folgend, dass die Qualität von Teamarbeit durch Einzelbewertungen eher negativ beeinflusst wird.

Das war allerdings ein so radikaler Bruch mit traditionellen Lehrformaten, dass selbst an der experimentierfreudigen Stanford University die ersten Versuche mit einer kleinen Gruppe von Studierenden lieber undercover in Baracken am Rand des Stanford-Campus durchgeführt wurden. Aber lange blieb das Experiment nicht geheim. In einer Titelstory der amerikanischen *Business Week* über David Kelley und die von ihm gegründete Innovationsagentur IDEO war auch von diesem multidisziplinären Experiment der d.school zu lesen und es war der SAP-Mitgründer Hasso Plattner, der von diesem Beitrag am meisten elektrisiert war. Irgendwie erinnerte ihn das beschriebene Szenario stark an seine Gründerzeit vor vierzig Jahren und er wollte die Macher der d.school sofort kennenlernen. Von dem improvisierten Laborcharakter in den Baracken ließ er sich dabei überhaupt nicht abschrecken. Im Gegenteil, als er erfuhr, wer außer David Kelley noch dahinter steckte, war sein Entschluss schnell gefasst, einen zweistelligen Millionenbetrag in dieses bis dato unbekannte Bildungsstartup zu stecken. Es waren Namen wie Larry Leifer, der als Maschinenbau-Professor schon seit 30 Jahren ein multidisziplinäres, international vernetztes Experimentier- und Entwicklungslabor (ME310) betrieb, und Terry Winograd, der Informatikwelt seit Jahrzehnten als Experte für Künstliche Intelligenz bekannt und, als Doktorvater von Larry Page und Sergeij Brin, mitverantwortlich für den Erfolg des von den beiden gegründeten Unternehmens Google.

Das Investment von Hasso Plattner führte die d.school nicht nur heraus aus den Baracken, sondern auch heraus aus dem kritisch beäugten Schattendasein der Stanford-Realität – ein ernstzunehmender deutscher Unternehmer investiert in mit Lego-Klötzchen und bunten Klebezetteln hantierende Studenten – die Anerkennung wuchs nicht nur unter den Studierenden, sondern auch unter den Professoren und in der Verwaltung. Stanford-Präsident John Hennessy, anfangs kritisch distanziert, empfiehlt mittlerweile jedem neuen Stanford-Studenten, mindestens einen Kurs an der d.school zu belegen. Und aus den Baracken wurde ein facettenreiches, zu vielfältigen Experimenten einladendes Laborgebäude im Zentrum des Stanford-Campus, in dem heute mehr als 700 Studierende sogenannte »Classes« belegen.

ZURÜCK IN DIE ALTE WELT

Es dauerte keine zwei Jahre, bis auch in Europa die erste School of Design Thinking ihre Türen für Studierende aller Disziplinen öffnete. Hasso Plattner hatte dies vorangetrieben, auch aufgrund der positiven Erfahrungen, die er selber mit Design Thinking in der Zwischenzeit gemacht hatte. Nicht nur, dass er als Lehrender in Stanford d.school-Classes gegeben hatte, er machte sich in seinem eigenen Unternehmen an den Praxistest. Kurz nach seinem Investment in die Stanford d.school hatte er nämlich dafür gesorgt, dass bei SAP, mit 60 000 Mitarbeitern einem der größten Software-Unternehmen der Welt, dieser neuartige methodische Ansatz namens Design Thinking Einzug gehalten hatte. Anfänglich in Gestalt eines Design Services Teams, das sich vorrangig um eine bessere Nutzerorientierung der Schnittstellen von SAP-Software kümmerte. Die Bedienoberflächen für die hochkomplexe SAP-Software sollte weniger von den Entwicklern aus technischer Perspektive definiert werden als sich vielmehr, orientiert an deren Verhalten, den Bedürfnissen der Nutzer anpassen. Das war eine neue, ungewohnte Sichtweise für die Entwickler, führte aber zu deutlich besserer Akzeptanz bei Tausenden von SAP-Kunden.

MEHR ALS EINE KOPIE:
HPI SCHOOL OF DESIGN THINKING

Mit diesen positiven Erfahrungen war es für Hasso Plattner nun klar, dass Design Thinking auch in Deutschland, in seinem Institut für Software-Systems Engineering, das er zur Jahrtausendwende an der Universität in Potsdam gegründet hatte, einen Platz in der Hochschullandschaft finden sollte. In enger Abstimmung mit Stanford entstand dort 2007 die HPI School of Design Thinking, kurz HPI D-School. Aber nicht etwa als einfache Kopie der d.school in Stanford, sondern als konsequente Weiterentwicklung, aufbauend auf den Erkenntnissen der Kollegen aus dem Silicon Valley, aber in dem Bewusstsein, dass ein anderer, europäischer Kulturkreis und ein anderes akademisches Umfeld auch eine andere Version der Multidisziplinarität erforderlich machten. Während Stanford noch sehr stark den neuen Arbeitsprozess ins Zentrum der Ausbildung stellte, wurde in Potsdam ein bewusster und achtsamer Umgang mit dem Dreiklang aus gemischtem Team, iterativem Prozess und variablem Raum vermittelt.

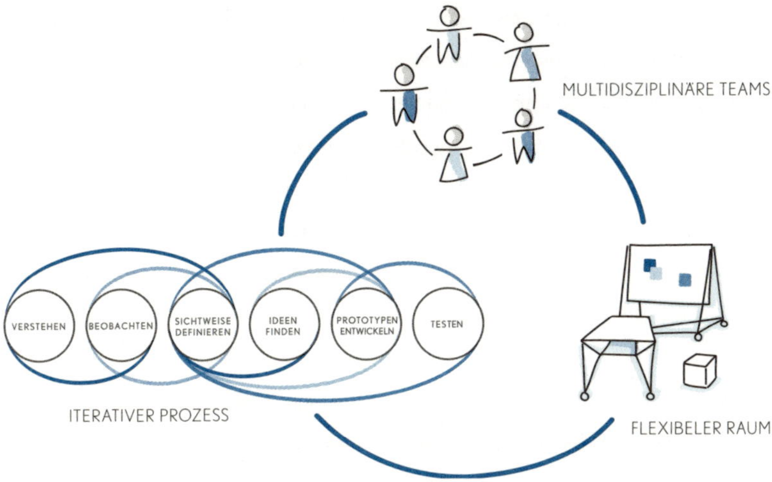

Die drei Kernelemente des Design Thinking

Anfänglich mit 40 Studierenden aus 30 Disziplinen und einem Team von 16 Professoren und Assistenten, ebenfalls aus verschiedenen Disziplinen. Ebenso projektorientiert mit einem in jedem Semester erneuerten Projektportfolio statt eines Curriculums, ebenso teamorientiert und ebenso frei von Einzelbenotung. Offen allerdings für Studierende aller Fachrichtungen auch anderer Hochschulen. Und noch stärker an den Problemstellungen von Unternehmen und Organisationen orientiert als die Kollegen in Stanford.

ÜBERRASCHENDE NACHFRAGE

Und diese Öffnung für jegliche Fragestellung führte auch gleich zur *ersten Überraschung*:
Große deutsche Unternehmen interessierten sich bereits in der Anfangsphase für den neuen Ansatz und buchten Projekte. Siemens, die Deutsche Telekom, Metro, SAP und DHL gehörten bereits in den ersten Jahren zu den Projektpartnern. Und nicht nur große Unternehmen zeigten Interesse an dem neuen Ansatz. Auch kleine und mittelständische Unternehmen, sogar Start-ups wandten sich mit Projektanfragen an die HPI D-School. Dazu kamen öffentliche Einrichtungen, Verwaltungen, Ministerien und auch NGOs, die bis heute die bunte Liste der Projektpartner prägen, die jedes Semester aufs Neue die Studierenden mit spannenden Fragestellungen, den sogenannten Design-Challenges, herausfordern. Sechs beziehungsweise zwölf Wochen lang sind die Projektzyklen, die von Unternehmen und Organisationen gebucht werden können.

Die zweite Überraschung:
Es bewarben sich nicht nur, wie anfänglich erwartet, Studierende aus der Hochschulregion Berlin/Brandenburg, nein, die Bewerbungen für das zweisemestrige Zusatzstudium, das Anwesenheit an zwei Tagen in der Woche erfordert, kamen nach kurzer Zeit aus der ganzen Welt. Heute studieren an der HPI D-School jedes Semester 120 Studenten aus 20 Nationen, sie repräsentieren über 70 verschiedene Disziplinen und kommen aus über 60 Hochschulen. Betreut werden die Studierenden von einem Teaching-Team von 35 Professoren und Assistenten.

Die dritte Überraschung:
Neben den Studierenden bewarben sich auch Berufstätige um einen Studienplatz an der HPI D-School. Das war zwar nicht vorgesehen, aber verständlich: Die Projektpartner bekamen nicht nur spannende Lösungen für ihre Fragestellungen von den Studenten präsentiert, sie lernten auch in den Projektzyklen die Arbeitsweise kennen und schätzen. Nicht wenige Unternehmen wollten Mitarbeiter für ein Semester freistellen, um Design Thinking kennenzulernen. So wurde bereits im zweiten Jahr

ein Executive Training Programm mit Workshop-Formaten von ein bis drei Tagen Länge entwickelt, durch das mittlerweile jährlich über 600 Teilnehmer aus Unternehmen und Organisationen fit gemacht werden für radikale Veränderungsprozesse in ihren Einrichtungen. Die nichtkommerzielle Arbeit mit Studierenden wurde ergänzt um einen kommerziellen Teil für Profis. Und Design Thinking, dieses gutartige Virus der Innovation, scheint ansteckend zu sein: Mehr als die Hälfte der DAX30-Unternehmen haben bisher Projekte in Potsdam gebucht.

Aber es gab auch mehrere große Herausforderungen auf dem Weg zu den spannendsten Thinktanks im Silicon Valley und Silicon Sanssouci. Wie zum Beispiel sollten die Studenten zusammenarbeiten, wenn sie jahrelang den Arbeitsprozess einer einzelnen Disziplin erlernt haben? Wie sollte ein Architekt mit einem Mediziner, einer Psychologin, einem Soziologen und einer Musikwissenschaftlerin effizient zusammenarbeiten, ohne ständig im Methodenstreit stecken zu bleiben? Die Lösung war ein sechsstufiger Arbeitsprozess, der im Wesentlichen zwei zentrale Bestandteile hat, zum einen das intensive, immer vom Menschen ausgehende Beschäftigen mit der Problemlage und zum anderen der nicht nur in der Theorie bleibende, sondern immer mit erlebbaren Prototypen arbeitende Lösungsvorschlag.

Auf diese sechs Schritte - verstehen, beobachten, Standpunkt definieren, Ideen finden, Prototypen entwickeln und testen - konnten sich die Studenten schnell einlassen. Für die Design- und Architekturstudenten war das besonders einfach, da es der Arbeitsweise entspricht, die sie intuitiv ohnehin verfolgen. Für die meisten anderen Studenten war es allerdings eine spannende neue Erfahrung, für eine intensive Recherche zu der Frage, wie man Familien in Entwicklungsländern bessere Lebensbedingungen verschaffen kann, dann auch tatsächlich nach Afrika zu fahren und vor Ort zu arbeiten. Neu war auch für die meisten, sich vorzustellen, wie ein Prototyp aussehen könnte und wie man ihn herstellt. Aus dem Autobau kennen wir Prototypen und jeder Architekt baut erst einmal ein Modell, bevor der erste Stein gesetzt wird, aber wie sieht ein Prototyp für eine Lösung im Finanzwesen aus, wie im Bereich von Logistik oder Energiewirtschaft? Die erstaunliche Erfahrung bei all diesen Fragen war, dass die Teams sehr schnell auf hochkreative Einfälle kamen, ihre Ideen anfassbar und leicht verständlich zu präsentieren. Sie benutzten einfach alles, was sie finden konnten, in erster Linie sich selbst, um zum Beispiel in einem kleinen Rollenspiel in einem schnell mit vorhandenem Mobiliar improvisierten Laden das Einkaufsverhalten in der Zukunft zu simulieren. Oder sie nutzten Fotos, Videos, Computerspiel-Elemente, um die Funktionsweise eines neuartigen autofreien Paketservice zu demonstrieren. Das Charmante an diesen sechs Schritten: Nahezu spielerisch werden die analytischen wie die kreativ-intuitiven Potenziale, also die volle mentale Leistungsfähigkeit aller Teilnehmer freigesetzt. Und sie werden nicht linear einmal durchlaufen, sondern iterativ, immer wieder von vorne – Scheitern als Chance ist hier fester Bestandteil des Programms.

Die zweite große Herausforderung war der Lernort. Ein klassischer Vorlesungssaal mit 200 Plätzen in Reih und Glied, ein Seminarraum mit ein paar Tischen und Stühlen und vielleicht einem Flipchart – für teamorientiertes Arbeiten völlig ungeeignet. Vonnöten war eine Art Labor, eine Werkstatt, wie Architekten und Maschinenbauer sie nutzen, aber mit noch mehr Handlungsspielraum. Vorbild war das ME310-Labor von Professor Leifer in Stanford, eine Art Werkstatt, in der alles Mögliche an technischem Gerät bis hin zur Robotik die Studententeams umgibt. David Kelley experimentierte mit neuen Räumen und Möbeln. Ein entscheidender Schritt: Die Studierenden wurden aus der Sitzposition in eine Stehposition gebracht. Es wurde mit verschiedenen Tisch- und Whiteboard-Formaten experimentiert, aber eines war schnell klar: Die Stehposition führte zu einer deutlich besseren Performance der Teams. Alle Beteiligten blieben agiler, man bewegte sich schneller und es machte sich keine Müdigkeit breit. Allerdings war es gar nicht so leicht, passende Stehmöbel für Gruppenarbeit zu finden. Die klassischen Konferenztische sind auf Sitzhöhe gebaut und als Stehtische gab es nur viel zu kleine Cocktailtische – gut für die Kaffeepause, aber nicht für einen längeren Arbeitseinsatz mit vier bis sechs Personen. In der Potsdamer D-School wurden daher, gemeinsam mit dem Berliner Büromöbelhersteller System 180, eigene Arbeitsmöbel, Tische, Whiteboards und Container entwickelt, an denen vier bis sechs Menschen bequem einen kooperativen Arbeitstag im Stehen verbringen können.

Die vierte Überraschung:
Unternehmen, die an der D-School studentische Projekte gebucht hatten, fanden nicht nur die Arbeit selbst, sondern auch die Arbeitsumgebung gut und inspirierend und zeigten Interesse an den Möbeln. Die anfänglich als Einzelstücke für das HPI gefertigten Tische und Whiteboards wurden schnell zur »Design Thinking Line« und stehen mittlerweile in über 100 Einrichtungen in Deutschland, Österreich und der Schweiz. Ein mittelständisches Pharma-Unternehmen ging sogar so weit, sämtliche Besprechungsräume mit den DT-Line-Stehtischen auszustatten.

Als größte Herausforderung erwies sich allerdings die Teamarbeit selbst. Was jedoch nicht weiter verwundert, wenn man sich die traditionelle Bildungslandschaft einmal genauer anschaut. Vom Kindergarten bis zur Hochschule ist der Lernmodus vorrangig auf Einzelleistung orientiert. Bereits in der Schule ist der weitaus überwiegende Teil dessen, was erwartet wird, bewertbare Einzelleistung. Ein verschwindend geringer Teil des Lernprozesses setzt auf Zusammenarbeit – Kooperationsfähigkeit wird also systematisch nicht vermittelt. Schon früh werden Kinder stattdessen in eine individuelle Konkurrenzsituation gepresst, und es werden kompetitive Verhaltensmuster antrainiert, die dann im Studium weiterentwickelt werden. Denn dieses ist in der Regel ebenfalls auf Einzelleistungserwerb orientiert – auch die Einführung von Bachelor- und Masterstudiengängen schuf hier keine Abhilfe. Im Gegenteil – die Fächervielfalt ist gewachsen, die Orientierungslosigkeit und der Leistungsdruck auch, und die Variabilität ist auf der Strecke geblieben.

Entsprechend schwer tun sich die Studierenden, wenn sie dann an der D-School in einen projektorientierten Arbeitskontext kommen, der nicht von jedem Einzelnen die Bestleistung erwartet, sondern vom gesamten Team. Durch eine Reihe von Projekten, die immer wieder den gesamten Design-Thinking-Prozess durchlaufen, in Projektzyklen, die anfangs mehrere Stunden, dann mehrere Tage, dann mehrere Wochen betragen, erleben die D-School-Studenten anfangs, wie unbeholfen sie sind, wenn sie in einem kollaborativen Kontext arbeiten, entwickeln dann aber im Laufe der Wochen enormes Vertrauen, das sogenannte kreative Selbstvertrauen. Und dies in zweifacher Hinsicht. Zum einen erfahren auch die Studierenden, die nicht in sogenannten Kreativfächern studieren, die Juristen, Betriebswirte, Soziologen also, ihr eigenes Kreativpotenzial und, noch viel wichtiger, sie gewinnen Vertrauen in die kreative Leistungsfähigkeit von Teams. Und das ohne jeden Leistungsdruck - denn, auch wer gut ist, bekommt am Ende des Projektes lediglich einen warmen Applaus, und keine Note.

Womit wir bei der *fünften Überraschung* wären:
Ohne den individuellen Leistungsdruck steigt nicht nur die Qualität des Ergebnisses, es steigt auch die Leistungsbereitschaft aller Beteiligten. Das überrascht die Studierenden, die sich plötzlich fragen, warum sie freiwillig so viel Zeit und Kraft investieren, ohne einen akademisch verwertbaren Vorteil für sich selbst zu erzielen. Das überrascht die Lehrenden, die allesamt aus traditionellen Lernkontexten kommen und sich bisher gar nicht vorstellen konnten, dass ohne Incentives wie Notenvergabe eine solche Arbeitsbereitschaft entstehen kann. Und es überrascht die Projektpartner, die sich immer wieder wundern, in welcher Geschwindigkeit und mit welcher Intensität sich die Studierenden in hochkomplexe Themenfelder einarbeiten und dann zu verblüffenden Ergebnissen kommen.

Zu erklären ist dies mit der intrinsischen Motivation, die freigesetzt wird, wenn Menschen gemeinsam in einem hierarchiefreien Kontext auf Augenhöhe an der Lösung von kniffligen und nichttrivialen Fragestellungen arbeiten. Eine ähnliche Energie, wie sie zum Beispiel bei Hochwasserkatastrophen bei den freiwilligen Helfern freigesetzt wird. Zu erklären ist dies auch mit dem eher sportiven Ansatz, mit dem in den Design-Thinking-Prozessen vorgegangen wird. Jedes Team steht im Austausch mit den anderen Teams und erlebt diese auch beim Arbeiten und Präsentieren. Allein durch dieses sich gegenseitige Beobachten, die intensive Feedback-Kultur und die vielen Iterationsschleifen entsteht eine Art natürlicher Konkurrenzsituation, die zu Höchstleistung motiviert, ohne den Einzelnen in die Zange zu nehmen.

Das führt dann auch zur *sechsten Überraschung*, der Gründungsbereitschaft vieler Absolventen:
Während andere Universitäten Entrepreneurship-Programme entwickeln und Unternehmertum zu lehren versuchen, kommt es an den Design-Thinking-Einrichtungen nahezu automatisch nicht nur zu guten Ideen, sondern auch zu den dafür notwendigen Teams mit dem sich ergänzenden Expertenwissen. In Potsdam sind seit

dem Start bereits über 20 Spin-offs und Start-ups entstanden. Die wildeste Gründung nennt sich »Dark Horse Innovation«: Insgesamt 30 der 40 Studenten im zweiten Studienjahr der HPI D-School entschlossen sich, gemeinsam eine Agentur zu gründen – ein Unterfangen, von dem alle im Umfeld, eingeschlossen das Team der D-School, dringend abrieten. Wie sollte eine Gruppe von 30 Gründern klarkommen, ohne sich sofort in Hierarchieproblemen zu zerfleischen? Die gute Nachricht: Das Unternehmen gibt es als Innovationsagentur bis heute und es arbeitet erfolgreich im Auftrag großer Unternehmen. Die 30 Gründer haben sich nicht zerfleischt, sondern sich einen weitgehend hierarchiefreien Arbeitsmodus verpasst, der ihnen sogar den Kultur- und Kreativpiloten-Preis der Bundesregierung einbrachte.

Auch wissenschaftlich wird das Thema der teambasierten Innovation angegangen. Rund 30 Doktoranden in Stanford und am HPI erforschen seit 2008 im Rahmen des von Hasso Plattner finanzierten »Design Thinking Research Program« die Quellen der Kreativität, entwickeln neue, Kollaboration unterstützende Software wie zum Beispiel das Tele-Board, ein virtuelles Whiteboard, das die Zusammenarbeit verteilt über verschiedene Standorte hinweg möglich macht, und führen internationale Studien zur Innovationsentwicklung in Unternehmen durch.

STIMMEN ZU DESIGN THINKING

Die HPI D-School in Potsdam ist mittlerweile auch zur Anlaufstelle und zum Vorbild für Bildungseinrichtungen aus aller Welt geworden. Bereits 2012 unterstützte die D-School den Aufbau der ersten chinesischen Design-Thinking-Einrichtung an der Communication University of China in Peking und kurze Zeit später wandte sich die malaysische Staatsregierung an das HPI mit der Bitte um Unterstützung beim Aufbau des Innovationszentrums Genovasi in Kuala Lumpur. Weitere Kooperationen laufen derzeit in Istanbul, Stockholm und Kapstadt.

Über 700 Studierende der HPI School of Design Thinking haben mittlerweile mindestens ein Semester lang im Design-Thinking-Modus verbracht. An über 100 Projekten haben sie in den letzten Jahren an Themen aus allen Lebensbereichen gearbeitet, es sind, wie bereits erwähnt, über 20 Start-ups und Spin-offs in der Zwischenzeit von Absolventen gegründet worden. Knapp 2000 Professionals haben

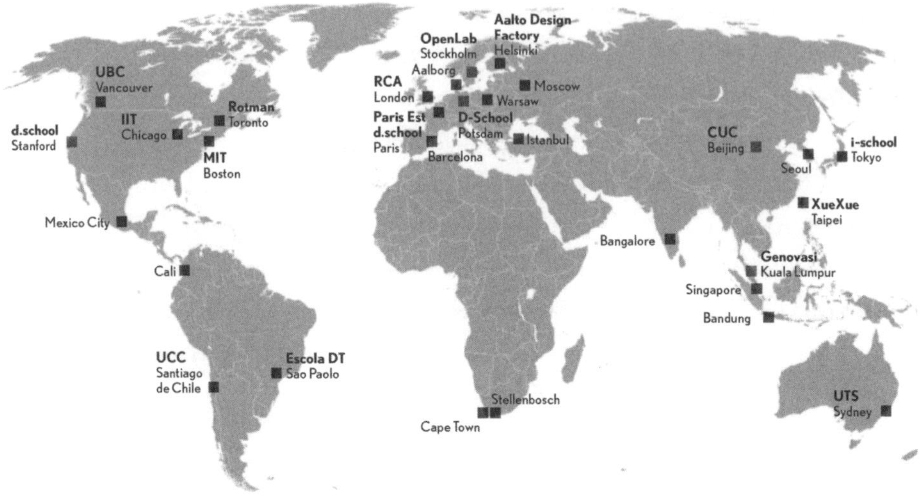

Bildungseinrichtungen mit Design-Thinking-Angeboten

sich in Design-Thinking-Workshops mit dem neuen Mindset vertraut machen lassen und sind dabei, ihren Arbeitsalltag zu verändern. Über 100 Lehrende umfasst mittlerweile das Teaching Team der HPI D-School. Viele Stimmen also, die von Erlebnissen mit Design Thinking berichten können. Wir wollten in diesem Buch einige zu Wort kommen lassen. Wir fragten Professoren, wie sich Design Thinking auf ihre Lehre ausgewirkt hat, wir fragten Industrievertreter, wie sich ihr Arbeitsalltag verändert hat, wir fragten Schulvertreter, welche Rolle Design Thinking in der Schule spielen könnte, und wir fragen Absolventen, wie sich die Zeit an der HPI D-School auf ihr Leben ausgewirkt hat.

Und wir sprachen mit dem Stanford-Professor Bernard Roth, der als Professor sowohl Larry Leifer als auch David Kelley in ihren Studienjahren begleitet hat und jetzt, als Emeritus, noch immer der akademische Leiter der Stanford d.school ist. Wir sprachen mit Carol Wong, die für die malaysische Regierung ein Innovationszentrum in Kuala Lumpur nach dem Vorbild in Potsdam aufgebaut hat. Und wir sprachen mit Frank Elstner, der durch ein Studentenprojekt auf Tuchfühlung mit der HPI D-School kam. Besonders bewegend ist der Beitrag von Raúl Aguayo-Krauthausen, Sozialunternehmer, der mit Glasknochenkrankheit im Rollstuhl sitzt und beschreibt, wie die Zeit an der D-School seinen Blick auf sich selbst grundlegend verändert hat. Viele verschiedene Perspektiven auf ein und dasselbe Thema sind in diesem Buch versammelt und eröffnen eine Reihe von Einsichten in die Vielfalt der Themenwelten, in denen man sich mit neuem, auf Kooperation setzendem Denken erfolgreich bewegen kann.

Die Herausgeber

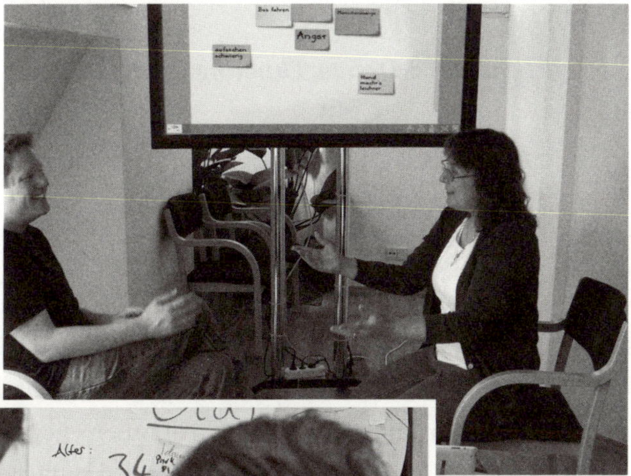

Tele-Board MED in der Psychotherapie

Design Thinking an der Evangelischen Schule Berlin Zentrum

I. DESIGN THINKING IN BILDUNG UND FORSCHUNG

Holger Rhinow
HPI-Stanford Design Thinking Research Program

TEAMARBEIT UND ACHTSAMKEIT

Wenn ich außerhalb des Instituts von Design Thinking erzähle, verstehen in der Regel nur wenige sofort, wovon ich eigentlich spreche. Dann wird mir klar, dass wir mit unserer Arbeit doch ziemlich weit weg von dem sind, was sonst »da draußen« gemacht wird. Für mich dagegen ist Design Thinking so selbstverständlich geworden, dass ich mir immer wieder bewusst machen muss, wie wir nach außen anschlussfähig bleiben, und dafür hilft es, sich auch einmal die historischen Dimensionen klarzumachen.

Seit der Industrialisierung, seitdem Menschen also damit begonnen haben, gemeinsame Ziele in kooperativen Formen zu verwirklichen, können wir erleben, wie große Ideen und Initiativen in Teilprojekte und einzelne Arbeitsschritte zerfallen, die in künstlich voneinander getrennten Bereichen abgearbeitet werden. Wir sind effizient geworden in dem, was wir tun. Aber uns ist das Gefühl für die Zusammenhänge abhanden gekommen, wenn es denn jemals vorhanden war. Wir berauben uns unserer eigenen Gestaltungsmöglichkeiten, die uns beispielsweise durch die Digitalisierung geboten sind, die wir aber nur in Ansätzen nutzen können, weil wir Experten voneinander isolieren und mittels Hierarchien neue Grenzen abstecken. Diese potenziellen Gestaltungsmöglichkeiten brauchen wir aber für die zukünftigen Herausforderungen, insbesondere im ökologischen Bereich.

Wir brauchen eine übergreifende Zusammenarbeit, eine gemeinsame Sprache zwischen den Kulturen und Disziplinen. Sehr viele gesellschaftliche und wirtschaftliche Trends deuten auf ein Umdenken hin, weg von sinnentfernten Insellösungen. Design Thinking ist ein Trend in dieser Strömung, den ich hier sehe. Design Thinking steht für eine Form der Zusammenarbeit, die uns für die Signale außerhalb unseres eigenen kleinen Radius sensibilisiert, oder wie Karl Weick es ausdrücken würde: Es ist eine Form der Zusammenarbeit, die die Achtsamkeit ihrer Beteiligten für schwache Signale erhöht.

Betrachtet man beispielsweise Organisationsformen im historischen Kontext, taucht, insbesondere für die jüngste Zeit, ständig das Thema Veränderungen auf. Ein Unternehmen wie Google ist innerhalb von wenigen Jahren zu einem riesigen, multinationalen Unternehmen geworden – in einer Art und Weise, wie sie vor 50 Jahren nicht denkbar war. Damals sind Unternehmen über einen längeren Zyklus gewachsen und dies vornehmlich in einer Marktnische, die sie langfristig besetzt haben. Ein Unternehmen wie Google hingegen ist zunächst einmal ein Unternehmen mit unglaublichen technologischen Möglichkeiten. Und aus diesen Möglichkeiten heraus wirkt es in die unterschiedlichsten Märkte hinein. Mehr noch: Google schafft sich seine eigenen Märkte. Ich glaube jedoch, dass wir ein Unternehmen wie Google in allzu großer Differenz zu den anderen Unternehmen wahrnehmen. Wir glauben an die herausragende Stellung einiger weniger Unternehmen des digitalen Zeitalters, ohne zu verstehen, dass heutzutage nahezu jedes Unternehmen auch ein digital geprägtes Unternehmen darstellt, ob es nun Software oder Schrauben herstellt. Wir arbeiten nun seit einigen Jahren mit digitalen Devices aller Art und sind doch erst am Anfang, wenn es darum geht zu begreifen, wie stark diese veränderte Situation unsere alltäglichen Handlungs- und Denkmuster verändern wird. Was bedeutet das Thema der digitalen Vernetzung in der Zusammenarbeit für uns heute und was wird es in 50 Jahren bedeuten? Können wir heute schon erahnen, wie die bereits bestehenden Technologien unser Denken und Handeln verändern werden? Oder werden wir uns nicht eher ganz neue Kulturtechniken aneignen, die wir heute gar nicht erahnen können? Stellen Sie sich vor, Sie reisen mit einer Zeitmaschine zurück ins Jahr 1960 und wollen dem ersten Menschen, dem sie dort begegnen, erläutern, warum wir in der Zukunft einen Service namens Twitter nutzen, und warum wir ihn so nutzen, wie wir es heute tun, und nicht anders. Es könnte ein langes Gespräch werden.

JENSEITS VON DISZIPLINGRENZEN

Angesichts der Digitalisierung aller Lebensräume und der daraus entstehenden Folgewirkungen ist es nicht gerade verwegen zu behaupten, dass wir als Menschen immer wieder an unsere eigenen Verständnisgrenzen herangeführt werden. Unser Verständnis von der Welt ist immer noch stark geprägt von den Disziplinen, denen die wir ausgebildet wurden und in denen wir uns naturgemäß zuhause fühlen. Ich glaube daher, dass eine neue Form der Zusammenarbeit, in der Disziplinen intuitiv aneinanderrücken, ohne sich aufzulösen, entstehen wird und dass genau diese Form eine große Hilfe darstellen kann für die oben beschriebene technologisch-gesellschaftliche Veränderung. Und da das Bedürfnis so stark ist, bin ich mir sicher, dass wir in Zukunft noch viele unterschiedliche Formen der Zusammenarbeit erleben und ausprobieren werden und dass Design Thinking schon heute eine vielversprechende Form darstellt, mit der es sich zu arbeiten lohnt.

Sollte sich die interdisziplinäre Arbeit tatsächlich als das geeignete Modell für einen Umgang mit einer zunehmend komplexeren Welt herausstellen, so haben wir heute mit Design Thinking bereits einen sehr konkreten Vorschlag auf dem Tisch liegen, wie wir uns damit vertraut machen können. An der d.School und der HPI School of Design Thinking können wir die ersten Gehversuche in diese Richtung bereits gut beobachten.

Ich erlebe, welchen tiefgreifenden Einfluss die Ausbildung auf unsere Studierenden haben kann. Viele von ihnen wollen diese Art der

Zusammenarbeit nicht mehr missen und können sich für traditionelle Arbeitsformen nur noch wenig begeistern. Wenn sie einmal in einem Umfeld arbeiten, in dem gegenseitige Wertschätzung, permanentes Lernen und das Denken in Möglichkeiten anstatt in Verboten zur Kultur gehören, reagieren sie schnell irritiert auf die herkömmlichen Arbeitsangebote. Diese Verunsicherung zu erleben, berührt mich. Ich wünsche mir, dass sie in Zukunft nicht dazu führt, dass sich die Studierenden aus der Wirtschaft und anderen Arbeitsbereichen heraushalten, sondern dass sie im Gegenteil den Impuls entwickeln, dort für Veränderungen zu sorgen und alternative Möglichkeiten in die bestehenden Strukturen einzupflanzen.

DESIGN THINKING IN DER FORSCHUNG

Ich selbst brauchte eine Weile, um zu verstehen, wie umfänglich die Konfrontation mit Design Thinking mich in meiner eigenen Haltung verändern würde. Ich erinnere mich zwar gerne an Gespräche in Seminaren mit Herrn Bolz, Professor für Medienwissenschaften an der TU Berlin, in denen mir deutlich wurde, wie umfassend wir durch Design geprägt werden. Es ist aber noch einmal eine andere Erfahrung, sich selbst in die Rolle zu begeben und neue Lösungen zu designen, und damit Tatsachen in die Welt zu setzen. Diese Erfahrung ging über die intellektuelle Auseinandersetzung hinaus; mir ist erstmals klar geworden, dass wir im wahrsten Sinne des Wortes die Dinge in die Hand nehmen können, wenn wir es denn wirklich wollen.

Wenn jemand daran interessiert ist, seine Arbeitsweise um den Design-Thinking-Ansatz zu erweitern, würde ich als Erstes danach fragen, worin dieses Interesse begründet liegt, welches Bedürfnis sich damit verbindet. Ich bin überzeugt davon, dass Design Thinking kein Selbstzweck sein kann, sondern für ganz unterschiedliche Bedürfnisse mal mehr, mal weniger hilfreich sein kann. Diese Bedürfnisse interessieren mich. Und dazu würde ich mehr wissen wollen. Ich habe mittlerweile viele Menschen, Studierende wie auch Professionals, mit der Idee von Design Thinking in Berührung gebracht und dabei viele fruchtbare Gespräche geführt. Viele der Teilnehmer aus unseren Workshops sind stark berührt von unseren »Alternativvorschlägen«. Später erzählen sie uns ab und an, wie das Erleben von Design Thinking, die eigene Sicht auf ihre Arbeit verändert hat. Wie sie diesen Impuls nutzen, das ist eine sehr persönliche und individuelle Erfahrung. Und das ist sicherlich auch gut so.

Interessant ist es für mich, auch als Forscher auf das Thema zu schauen. Denn natürlich beeinflusst mich das methodische Vorgehen des Design Thinking auch in der Forschung, aber zugleich ist es Gegenstand meiner Forschung. Eine ganz schön selbstreferenzielle Erfahrung, wie ich zugeben muss.

» WENN SIE EINMAL IN EINEM UMFELD ARBEITEN, IN DEM GEGENSEITIGE WERTSCHÄTZUNG, PERMANENTES LERNEN UND DAS DENKEN IN MÖGLICHKEITEN ANSTATT IN VERBOTEN ZUR KULTUR GEHÖREN; REAGIEREN SIE SCHNELL IRRITIERT AUF DIE HERKÖMMLICHEN ARBEITSANGEBOTE. «

Ein Thema unserer Forschung war die Auseinandersetzung mit dem Thema Prototyping. Wir wollten verstehen, wann Prototypen zum Einsatz kommen, was mit den Teams passiert, die sie bauen, und welchen Einfluss sie auf ihre Umgebung erzeugen können. Ein Ergebnis aus dieser Forschungsfrage ist das Design eines Kartensets, in dem wir fast 40 verschiedene Prototypen und ihre Stärken aufzeigen. Für uns war es selbstverständlich, dass wir während des Designs dieses Kartensets einen iterativen Prozess verfolgen werden, in dem wir zunächst von den Bedürfnissen der späteren Anwender dieser Karten ausgehen. Letztendlich soll das Kartenset seinen Anwendern eine Inspiration bieten, nicht mehr und nicht weniger. Und Inspiration zum richtigen Zeitpunkt ist unglaublich befreiend, ganz gleich ob es sich um Projekte an der Universität oder im Unternehmen handelt.

DESIGN THINKING IM UNTERNEHMEN

Wir können uns eine bestimmte Arbeitskultur wünschen, wir können sie aber nicht verordnen. Letztendlich ist die Arbeitskultur die Summe der Entscheidungs- und Verhaltensweisen, die die Mitarbeiter untereinander pflegen und auf die sie sich berufen. So ist auch Design Thinking zunächst einmal nicht mehr als ein Angebot, über die bestehende Arbeitskultur nachzudenken, indem wir Alternativen aufzeigen, die die Mitarbeiter nur dann annehmen werden, wenn sie bei ihnen Anklang finden. Mein Gefühl ist, dass wir gut daran tun, solche Alternativen anzubieten und mit der Resonanz darauf Schritt für Schritt weiterzuarbeiten, anstatt das gesamte Unternehmen auf einen Schlag verändern zu wollen. Unseren Partnern in den Unternehmen raten wir gerne, zunächst mit kleinen Dingen anzufangen, die man ändern kann und für die es einen großen Bedarf gibt. Design Thinking liefert genau hierfür das notwendige Instrumentarium, das man sich aneignen kann, sei es Prototyping, sei es der besondere Umgang miteinander in Teams. Wenn Mitarbeiter im Unternehmen dann feststellen, welchen positiven Effekt dieses Vorgehen haben kann, kommt es teilweise sehr schnell zu schönen Erfolgsgeschichten, die sich immer weiter fortsetzen, von Abteilung zu Abteilung übergehen, bis irgendwann die Arbeitskultur grundlegend anders aussieht. Ich glaube, das ist ein guter Weg, um Veränderungen anzustoßen, wenn man das möchte.

ZUR ZUKUNFT DES DESIGN THINKING

In der historischen Dimension, von der ich oben gesprochen habe, sind 20 oder auch 50 Jahre keine lange Zeit. Für die Menschen in den Unternehmen und Organisationen, die sich damit auseinandersetzen, bedeuten sie dagegen wahrscheinlich eine halbe Ewigkeit, in der viele Ansätze ausprobiert und auch wieder verworfen werden. Wir werden viele Beispiele erleben, in denen Angebote wie das Design Thinking unglaubliche und inspirierende Lösungen hervorbringen werden, die wir uns heute noch nicht vorstellen können. Und auf der anderen Seite werden wir vielleicht auch erleben, wie durch Design Thinking unterschwellige Konflikte und Probleme auftreten werden. Unternehmen sind gut beraten, unterschiedliche Formen der Zusammenarbeit auszuprobieren, denn es gibt keinen Königsweg. Ich glaube, dass wir damit die Welt ein Stück weit verändern werden, nicht wegen der Methode als solcher, sondern weil sie Mittel zum Zweck ist, Mittel, um Menschen aus unterschiedlichen Disziplinen zusammenzubringen, ohne sie dazu zu zwingen. Design Thinking darf nicht um des Design Thinkings willen stattfinden, das wäre das falsche Signal. Es geht darum, eine andere Arbeitskultur zu erleben und daraus neue Schlüsse zu ziehen. Und wir müssen dringend damit beginnen, über die Erfolgsgeschichten zu sprechen, die es gibt, aber die kaum jemand zu sehen bekommt. Wir dürfen nicht vergessen, uns und die Menschen zu inspirieren, die ebenfalls bereit sind, in Alternativen zu denken.

Julia von Thienen
HPI-Stanford Design Thinking Research Program

DESIGN THINKING IN THEORIE UND PRAXIS

Es gibt einige Design-Thinking-Erlebnisse, die so eindrücklich waren, dass ich sehr regelmäßig daran zurückdenke. Neben vielen positiven Erfahrungen gab es auch Schwierigkeiten, die ich gerade als Forscherin im Bereich des Design Thinking hatte. Zum Teil lassen sie mir noch heute das Herz höher schlagen.

In einem Versuch wollten wir beispielsweise die Wirkung kreativer Räume untersuchen. Wir fragten uns, welche Effekte es hat, wenn jemand in einem Kreativraum wie der Potsdamer D-School tätig wird verglichen mit einem klassischen Universitätsgebäude. Um das zu prüfen, luden wir Studierende zu einem Wochenend-Intensivworkshop ein, bei dem es um ein scheinbar »dröges« Thema ging: die sozialwissenschaftliche Mess- und Testtheorie. Alle Teilnehmer erhielten dieselben Arbeitsmaterialien, dieselbe Aufgabe und einen Zeitplan: Sie sollten der 16-jährigen Anna helfen, einen passenden Kleidungsstil für sich herauszufinden. In ihren Unterlagen fanden die Workshopteilnehmer Kurzanleitungen zu verschiedenen Mess- und Testverfahren. In kleinen Teams sollten sie sich jeweils für ein Verfahren entscheiden und praktisch ausprobieren (»messen«), wie Anna in unterschiedlicher Kleidung wirkt. Die Hälfte der Teams sollte dabei an der Potsdamer D-School arbeiten, die andere Hälfte in einem klassischen universitären Seminarraum.

Es gab vier Versuchsleiter und wir hatten per Los entschieden, wer an welchem Ort die Begleitung der Versuchsgruppen übernehmen würde. Eine Kollegin von mir, die bei weitem die meiste Design-Thinking-Erfahrung von uns allen hatte, kam so zur Bedingung »klassisches Universitätsgebäude«, ich landete in der »D-School-Bedingung«. Da wir die Wirkung des Raumes und nicht die Wirkung der Coaches untersuchen wollten, sollten sich die Versuchsleiter möglichst zurückhalten und die Teilnehmer im Wesentlichen bei der Einhaltung des Zeitplans unterstützen.

Am ersten Tag sah das Programm nach einem gemeinsamen Einführungsvortrag und Vorabwissenstest für alle Teams vor allem Recherchezeit vor. Die Teilnehmer erhielten die Gelegenheit, sich mit ihrer Arbeitsmappe und Annas Problem auseinanderzusetzen.

Gegen Ende des ersten Tages war vor allem an der D-School die Stimmung außerordentlich schlecht und es kam zu großen Diskussionen. Die Workshop-Teilnehmer sahen es überhaupt nicht ein, weshalb sie sich mit Annas Problem auseinandersetzen und Recherche etwa zu Kleidungsstilen durchführen sollten, obwohl sie doch eigentlich gekommen waren, um etwas über Methodenlehre zu erfahren. Wir zwei Versuchsleiter an der D-School bemühten uns redlich, die Stimmung ins Konstruktive zu wenden. Aber tatsächlich ging ich an diesem Abend mit ernsthaften Bauchschmerzen nach Hause und konnte nachts vor Sorgen kein Auge zutun. Ich fürchtete, am nächsten Tag mit meinem Versuchsleiterkollegen an der D-School ganz allein dazustehen.

Immerhin kamen die Studierenden freiwillig an einem Wochenende. Warum sollten sie sich noch einmal die Mühe machen, an einem freien Tag zur Uni zu fahren, wenn sie den dort angebotenen Kurs gar nicht sinnvoll fanden? Obendrein fürchtete ich so etwas wie ein persönliches Versagen. Denn seltsamerweise schien die Stimmung in der anderen Versuchsgruppe weit weniger ins Negative abgeglitten zu sein.

Zu meiner allergrößten Erleichterung kamen die Workshop-Teilnehmer am nächsten Tag dann doch wieder – warum auch immer. In der Zwischenzeit hatte ich unserer erfahrenen Design-Thinking-Kollegin von meiner großen Sorge um die Stimmung berichtet. Spontan erfand sie ein neues Warm-up. Alle Workshop-Teilnehmer begannen den Tag nun gemeinschaftlich, indem sie sich imaginäre Bälle zuwarfen und gleichzeitig Wünsche für den Tag formulierten. »Mehr Theorie!«, konnten die Teilnehmer nun energisch rufen, und »rechnen!«. Als wir im Anschluss die verschiedenen Arbeitsorte aufsuchten, war die Stimmung meiner Truppe im Vergleich zum Vorabend schon deutlich gestiegen. Und sie sollte im Übrigen noch den ganzen Tag weiter steigen, um bei der Abschlusspräsentation regelrecht in Euphorie zu kulminieren.

Im Nachhinein scheint mir die Stimmung der Versuchsteilnehmer eng an einen Faktor gekoppelt gewesen zu sein, der an unseren beiden Arbeitsorten recht unterschiedlich ausfiel. Man könnte hier von »Sinnprüfung« versus »Folgsamkeit« sprechen. Wie aufmerksam prüften die Teilnehmer also, ob das, was sie taten, wirklich sinnvoll war? Andersherum: Wie sehr überließen sie die Einschätzung, was Sinn machen würde, den Workshop-Leitern und befolgten schlichtweg deren Instruktionen? Dass die Dynamik an den beiden Arbeitsorten in dieser Hinsicht durchaus unterschiedlich war, zeigte sich vor allem am zweiten Arbeitstag.

An dieser Stelle muss ich eine gewisse Tücke erwähnen, die der von uns erteilte Arbeitsauftrag von Anfang an enthielt. Die Workshop-Teilnehmer sollten ja der 16-jährigen Anna helfen herauszufinden, wie sie in verschiedener Kleidung wirkte. Wir hatten zwar Arbeitsmappen mit Anleitungen zu klassischen Verfahren der Mess- und Testtheorie ausgegeben; aber keines der beschriebenen Verfahren war wirklich geeignet, Anna zu helfen. Um der Aufgabe wirklich gerecht zu werden und Annas Frage zu beantworten, mussten die Teilnehmer kreativ werden und ein eigenes Messverfahren entwickeln. In der D-School taten sie das auf Anhieb – und zwar ohne es zu bemerken! Obwohl sie sich eigentlich entschieden hatten, ein Verfahren aus der Arbeitsmappe Schritt für Schritt umzusetzen, um sich in der gängigen Methodik zu üben, wandelten sie tatsächlich aber das Verfahren im Prozess so grundlegend ab, dass die in der Arbeitsmappe beschriebene Abschlussrechnung gar nicht mehr durchgeführt werden konnte. Doch die von den Versuchsteilnehmern vorgenommene Abwandlung des gängigen Verfahrens war nicht etwa fehlerhaft oder unsinnig. Es war genau die Art von Abwandlung, die es ermöglichte, Annas Frage zu beantworten! Das heißt: Ohne es selbst zu bemerken, wurden die Workshop-Teilnehmer an der D-School kreativ, sogar gegen ihren eigenen Willen!

Erst als die Workshop-Teilnehmer an der D-School ihre Abschlussrechnung durchführen wollten, stellten sie fest, was geschehen war. Sie waren sehr überrascht und überlegten, wie sie fortfahren wollten. Sie beschlossen, den einmal begonnenen neuen Rechenweg abzuschließen, um Annas Frage zu beantworten. Danach kamen sie noch einmal auf ihr persönliches Ursprungsanliegen zurück, gängige Verfahren der Mess- und Testtheorie zu üben. Das taten sie nun aber wiederum nicht sinnfrei mit beliebigen ausgedachten Zahlen, sondern dachten sich eine eigene, neue Fragestellung aus: Wie würde Anna in ein und demselben Kleidungsstück bei verschiedenen relevanten Bezugsgruppen ankommen: Eltern, Großeltern und Mitschülern beispielsweise? So konnten sie eines der klassischen Verfahren noch einmal sinnvoll am Fallbeispiel ausprobieren.

Auch als es schließlich zur Abschlusspräsentation ging, prüften die Workshop-Teilnehmer an der D-School genau, was sie selbst für sinnvoll hielten. Dabei befanden sie, dass die Vorgabe der Versuchsleiter – ein Abschlussvortrag im Uni-Hörsaal – nicht passend sei. Deshalb beschlossen sie, stattdessen ihre Ergebnisse im Format einer »Ausstellung« vorzuführen. Sie brachten also die anderen Workshop-Teilnehmer vom Hörsaal zur D-School und erklärten wie auf einer Museumstour ihre verschiedenen Arbeitsorte, Arbeitsprozesse und Ergebnisse. Sie zeigten Fotos, die sie gemacht hatten, um Annas Wirkung in verschiedenen Outfits herauszufinden. Und sie erklärten, wie sie die Fotos dann selbst als Nutzer mit verteilten Rollen (als Oma oder Freundin beispielsweise) bewertet und Gesamtergebnisse ausgerechnet hatten.

Im Gegensatz dazu hatten die Workshop-Teilnehmer im klassischen Universitätsgebäude keineswegs ein gängiges Messverfahren kreativ abgewandelt, um Annas Frage zu beantworten. Sie hatten stattdessen eine Anleitung aus ihrer Arbeitsmappe befolgt und so mehr oder weniger sinnlose Zahlen erhalten, was aber nicht wirklich aufzufallen schien.

Alles in allem schien die Truppe an der D-School konsequent stärker darauf geachtet zu haben, was aus ihrer Sicht Sinn machte – unabhängig davon, was die Workshop-Leitung sagte. Am Ende des ersten Workshop-Tages hatte genau das unter anderem für das immense Stimmungstief gesorgt, weil die Instruktion der Versuchsleiter aus Sicht der Teilnehmer zunächst überhaupt keinen Sinn ergab.

Wenn ich an dieses Stimmungstief zurückdenke, dann finde ich es einerseits interessant. Immerhin fügt es sich in ein konsistentes Gesamtbild, was die untersuchten Raumwirkungen anbetrifft. Gleichzeitig habe ich an dieser Stelle schmerzlich erfahren, worauf ich in keiner Weise vorbereitet war: Um Stimmungen von Teams gut lenken zu können, ist eine langjährige Design-Thinking-Praxis offenbar außerordentlich wertvoll. In dem geschilderten Experiment konnte meine erfahrene Kollegin viel besser als ich den Stimmungen der Teilnehmer eine entscheidende Wendung geben. Bis heute bin ich ihr für die hilfreiche Intervention während unseres Methodenworkshops dankbar, die nicht nur unseren Teilnehmern zugutekam, sondern auch mich damals von argen Magenschmerzen befreite. Tatsächlich war dieses Erlebnis für mich persönlich so eindrücklich und einschneidend, dass die Beeinflussung von Stimmungen, von Energien und Hingabe in Design-Thinking-Teams zu einem bleibenden Forschungsthema wurde.

WIE AUS »FREMDEM« NICHT NUR ETWAS »NEUES«, SONDERN AUCH ETWAS »EIGENES« WIRD

Freunden und Verwandten zu erklären, was Design Thinking ist, finde ich sehr schwierig. Meist sage ich: »Design Thinking ist ein Ansatz, um Innovationen zu entwickeln.« Aber diese Erklärung scheint mir selbst ziemlich nichtssagend und wenig befriedigend. Um Design Thinking ernsthaft zu erklären, würde ich immer einen anderen Weg einschlagen. Jüngst hat sich an der Uni zum Beispiel unser Forscherteam erweitert. Natürlich wollte unsere neue Kollegin gleich erfahren, was es genau mit dem Design Thinking auf sich hat. So erzählte ich ihr zunächst von ein paar vorangegangenen Projekten und empfahl daneben das Bootcamp Bootleg[1] der d.school als Einstiegslektüre.

Am besten aber eignen sich zur Erklärung meines Erachtens Einstiegsworkshops, in denen man Design Thinking selbst ausprobieren kann. Zu wichtig ist schlichtweg die Energie und Begeisterung, die Design Thinking im Prozess des Problemlösens normalerweise freisetzt. Hingabe gehört im Design Thinking essenziell dazu. Das trifft schon im ersten Schritt eines Design-Thinking-Projektes zu, wenn man – Augen und Ohren weit geöffnet – in das Problem eintaucht. Es gilt erneut nach der ausgedehnten Phase des Sammelns von Erfahrungen. Hier geht es schließlich darum, ein ganz eigenes Problemverständnis zu entwickeln, das weit mehr als nur sachlich angemessen sein soll. Vor allem soll es auch »sexy« sein und – wiederum – die Stimmung, Energie und Hingabe des Teams auf einen neuen Höhepunkt bringen. Im idealen Fall können die Beteiligten es dann gar nicht mehr erwarten, mit der Lösungssuche zu beginnen. Das Problem lockt und die Steigbügel sind bereit, damit sich alle Beteiligten gemeinsam aufschwingen können.

Wenn schließlich ein Lösungsansatz ausgewählt und getestet wird, bedarf es erneut einer großen Hingabe und Verpflichtung gegenüber der Sache selbst, um – mit weit geöffneten Augen und Ohren – das Feedback der Nutzer einzuholen. Schließlich könnte es durchaus verlockend sein, die einmal ausgewählte Team-Idee »durchzuboxen«, ob sie für die Nutzer nun hilfreich ist oder nicht. Das Durchhaltevermögen, sich auch nach langen Vorarbeiten immer noch dem Problem selbst und keiner erstbesten Lösungsidee verpflichtet zu sehen, ist alles andere als selbstverständlich. Wenn nach langen, aufwendigen Vorarbeiten endlich ein Prototyp spät am Abend einigen Nutzern zum Test vorgelegt wird, wäre es nur allzu bequem, kritisches Feedback einfach zu übergehen. Irgendwer bestätigt sicherlich, was der Ideengeber gerne hören möchte: Es könnte funktionieren. Design Thinking ist jedoch eine Arbeitskultur der Extreme. Zu einem würdigen Abschluss kommen Design-Thinking-Projekte erst, wenn die erarbeitete Lösung das Team ebenso wie die Nutzer hinreißt. Dafür mobilisiert der Ansatz, wenn alles normal rund läuft, die nötige Energie und Hingabe. Um so etwas zu verstehen, hört man sich am besten keine langen Erklärungen an oder liest Bücher, sondern probiert die Sache selbst aus.

Persönlich gesehen hat das Design Thinking für mich außerordentlich viel verändert, im Privaten wie im Beruflichen. Ganz besonders eindrücklich war für mich zum Beispiel die Erfahrung, dass es möglich und äußerst bereichernd ist, *Andersartiges* kennenzulernen, auch wenn es gefühlsmäßig »so gar nicht das eigene Ding ist«. Keineswegs wird man automatisch »sich selbst untreu«, nur weil man etwas *Andersartiges* kennen- und vielleicht sogar schätzen lernt.

In einer Design-Thinking-Challenge gilt es, möglichst unbedarft die Perspektive des Nutzers zu erkunden – ob dessen Wünsche nun den eigenen entsprechen oder nicht. Da könnte es im Extremfall vorkommen, dass ein Tierschützer aus dem Design-Thinking-Team einen Fischer interviewt, der lebenden Delfinen die Flossen abschneidet. Im Privaten wäre es vielleicht naheliegend zu sagen: »Mit so jemandem möchte ich nicht das Geringste zu tun haben.« Und falls sich doch gegenseitige Wertschätzung entwickelt, dann wird man das Thema »Delfinflossen-Abschneiden« vielleicht sorglich meiden. Der Design-Thinking-Ansatz ist demgegenüber ein ganz anderer. Hier versucht man ernsthaft zu verstehen, welche Bedürfnisse das Gegenüber hat und wie die Welt aus dessen Augen aussieht. Das könnte sogar die Delfinjagd betreffen. Gleichzeitig gibt der Design Thinker seine eigenen Werte keineswegs auf. Das bekannte Design-Thinking-Motto »*defer judgement*« bedeutet eben nur: Bewertung aufschieben, nicht Bewertung abschaffen.

» OHNE ES SELBST ZU BEMERKEN, WURDEN DIE WORKSHOP-TEILNEHMER AN DER D-SCHOOL KREATIV, SOGAR GEGEN IHREN EIGENEN WILLEN! «

Diese im Alltag sonst so seltene Kunst, persönliche Werturteile eine Zeit lang außen vor zu lassen, mit echter Neugier den anderen aus dessen Weltsicht heraus zu verstehen, bringt am Ende oft überraschende Wendungen hervor. Auf dem Weg dahin ist schon das tiefere Verständnis für den anderen ein entscheidender Schritt. So könnte der Tierschützer im Design-Thinking-Team beispielsweise erfahren, dass es dem Delfinjäger sehr wesentlich um Nähe und Treue gegenüber seiner Familie geht; denn schon als Junge ging er regelmäßig mit seinem Vater auf Jagd. Ruhe und Konzentration bei der Pflege der Jagdinstrumente mögen eine Art meditative Entspannung vermitteln. Auch der wirtschaftliche Gesichtspunkt könnte wichtig sein, denn ein ähnlich lukratives Geschäft sieht der Fischer vielleicht nicht. Schließlich mag für ihn auch das Empfinden wichtig sein, mit den Werten der eigenen Kultur im Einklang zu bleiben, anstatt sich von anderen Kulturen etwas Fremdes aufzwingen zu lassen.

Je grundlegender die Bedürfnisse sind, auf die man durch unvoreingenommenes Zuhören und Nachfragen stößt, desto weiter reift für gewöhnlich das Verständnis – und meist auch die Wertschätzung gegenüber der Person. Wohlgemerkt gelingt dies, ohne dass irgendwer dabei seine zentralen Werte aufgeben oder ändern müsste. Nur weil man einen Draht zu dem Fischer gefunden hat, würde ein tierschutzfreundliches Design-Thinking-Team also gewiss nicht das oberflächliche Ziel übernehmen, möglichst vielen Delfinen die Flossen abzuschneiden. Nach einer guten Möglichkeit für den Fischer, grundlegende Bedürfnisse zu erfüllen – wie sich der eigenen Familie und Kultur eng verbunden zu fühlen und gleichzeitig Geld zu verdienen –, könnte das Design-Thinking-Team aber sehr wohl sinnvoll suchen.

Diesen Weg, unabhängig von ersten Sympathieurteilen allem und jedem mit echter Neugier zu begegnen, anstatt sich zum Schutz der eigenen Werte vorschnell zu distanzieren, habe ich stets als große Bereicherung empfunden. Ebendieser Weg hat mir nicht nur manch eine überraschende und jetzt hochgeschätzte Freundschaft im Privaten ermöglicht. Ich hoffe, auch in beruflicher Hinsicht diesen Weg anderen öffnen zu können. Immerhin entwickeln wir am Hasso-Plattner-Institut derzeit mit Tele-Board MED ein System, das Ärzten und Patienten eine Kommunikation auf Augenhöhe erlauben und zahlreiche Design-Thinking-Errungenschaften therapeutisch nutzbar machen soll. Das erste große Anwendungsfeld ist die Psychotherapie. Dabei wird deutlich, wie viele psychotherapeutische Klienten sich in ihrem Leben geradezu gefangen fühlen. Irgendetwas muss sich für sie grundlegend ändern. Aber trotz allem ist es nicht leicht, das *Andere*, das *Fremde*, das *Neue* an sich heranzulassen – oder sogar etwas *Eigenes* daraus zu entwickeln.

DESIGN THINKING IN DER PSYCHOTHERAPIE

In dem ungewöhnlichen Kontext Psychotherapie, in dem wir Design Thinking zu nutzen beginnen, zeigt sich schon beim Problemverständnis, wie leistungsstark die Mittel des Design Thinking sind, um eine fruchtbare Sichtweise zu entwickeln.

Beispielsweise durfte ich einmal mit einer Dame zusammenarbeiten, die von Problemen auf der Arbeit berichtete. Zur Anonymisierung werde ich den Fall in meiner Schilderung minimal abwandeln. Sagen wir, die Frau, die zur Therapie kam, hieß Frau Meyer. In der Therapie berichtete sie immer wieder von gravierenden Schwierigkeiten mit ihrer Arbeitskollegin Frau Kunz. Diese Kollegin pflegte das ausgefallene Hobby, sogenannte »Skulpturen« aus Müll zu fertigen. Oft wurden dabei alte Speisen verwertet, eingetrocknete und nach Schimmel anmutende Zitronen oder Orangen beispielsweise. Jeder Kollege auf der Arbeit bekam früher oder später ein Müllobjekt geschenkt. In der Vergangenheit hatten bislang alle Kollegen in dem kleinen Betrieb pflichtbewusst die Müllobjekte von Frau Kunz aufbewahrt oder sogar auf ihren Schreibtischen ausgestellt. Immerhin kam die »Künstlerin« ja täglich vorbei und begutachtete, wie man mit ihren Geschenken umging. Für Frau Meyer war das allerdings keine Option. Sie sagte der Bastlerin unmissverständlich, dass sie sich zwar für die Geste bedanke, das Geschenk aber gleichwohl nicht haben wolle. Frau Kunz weigerte sich jedoch, ihr Geschenk zurückzunehmen. Auch von den sonstigen Arbeitskollegen wollte niemand es haben; so schmiss Frau Meyer das Müllobjekt weg. Das brachte Frau Kunz jedoch sehr auf. Seither ließ sie keine Gelegenheit aus, schlecht über Frau Meyer zu reden und andere gegen sie aufzubringen.

Über längere Zeit hinweg war Frau Kunz ein wiederkehrendes Gesprächsthema in der Therapie, das für große Frustration sorgte. Dabei war die Problemsicht der Klientin offenkundig folgende: Das Problem ist die Arbeitskollegin. Sie verhält sich intrigant und hetzt andere auf. Allerdings konnte Frau Meyer das Problem auf diesem Wege nicht lösen. Zwar hatte sie oft versucht, mit Frau Kunz zu sprechen, aber was auch gesagt wurde, die üble Nachrede der Arbeitskollegin nahm kein Ende.

Im Sinne des Design Thinking formulierten wir dann einen »Point of View«, um damit auf Lösungssuche zu gehen. Dazu fokussierten wir uns zunächst auf ein Bedürfnis der Klientin und formulierten ein Gesuch nach dem Schema »Person + Need + Insight«. In unserem Fall lautete das erste Gesuch: »Eine Frau mit harter Schale und weichem Kern braucht auf der Arbeit das Gefühl, etwas wert zu sein. Denn auch wenn sie konfrontativen Klartext redet, wollte sie am Ende des Tages gerne von allen geliebt werden.« Frage: »Wie schafft es eine Klartextrednerin, sich geliebt zu fühlen – wenn Klartext doch oft eher Widerwillen als Liebe weckt?«

Damit hatte die Problemsicht schon eine ganz neue Ausrichtung. Der Fokus lag jetzt nicht mehr auf der Arbeitskollegin, die man nicht ändern konnte, sondern auf der Klientin selbst.

Ein erster Lösungsansatz bestand darin, zu differenzieren. Die Klientin sagte von sich aus, dass es zwar schön wäre, von allen geschätzt oder besser noch »geliebt« zu werden. Wenn man aber – so wie sie – gerne Klartext spricht, sei das in Wahrheit gar nicht realistisch. Klartext polarisiert. Die einen mögen's, die anderen nicht. Und eigentlich sei ihr der Klartext so wichtig, dass es schon in Kauf zu nehmen sei, wenn manch einer mit wenig Gegenliebe darauf reagiere. Um sich bei der Arbeit gleichwohl geschätzt zu fühlen, wollte sie verstärkt darauf achten, wie es mit den anderen Kollegen lief. Tatsächlich wurde ihr auf diesem Wege bald bewusst, dass einige Kollegen sie offenkundig mit großer Wertschätzung behandelten.

Ganz und gar zufrieden war die Dame mit dieser Lösung aber noch nicht. Es missfiel ihr, so sehr auf andere »schielen« zu müssen, um im Arbeitsalltag ihre Ruhe zu finden. Also gingen wir im Prozess der Problemlösung wieder ein paar Schritte zurück und formulierten ein neues Gesuch. Es sollte eine Lösung gefunden werden, die wirklich befriedigend wäre. Unsere neue Ausgangsfrage lautete: »Wie schafft es eine Klartextrednerin, sich wertvoll zu fühlen, auch wenn andere versuchen, sie abzuwerten?«

Zu dieser Frage führten wir ein Brainstorming durch, wobei wilde Ideen besonders willkommen waren. Am Ende gefiel der Dame ein Lösungsansatz besonders gut, den sie ausprobieren und testen wollte: Das war der »Batman-Ansatz«. Die Figur war interessant, weil sie mit viel Missachtung konfrontiert war. Immerhin galt Bruce Wayne alias Batman offiziell als »nichtsnutziger Lebemann«. Gleichzeitig konnte die Figur mit der öffentlichen Missachtung gut umgehen. Sogar abfällige Zeitungsmeldungen steckte er einfach weg. Der Grund war natürlich: Batman war selbst davon überzeugt, dass er im Verborgenen Gutes tat – sogar für diejenigen, die ihn missachteten. Deshalb stand er über den Dingen, er war mit sich im Reinen.

So wollte es nun auch die Klientin handhaben. Wenn Ihr Missachtung entgegenschlug, wollte sie nur prüfen, ob sie mit sich selbst im Reinen war. Sollte das der Fall sein, wollte sie die Missachtung einfach übergehen – anstatt, wie früher, energisch dagegen anzureden.

Darüber hinaus testete die Klientin auch eine zweite Idee, die sie selbst ausgehend von der Batman-Analogie entwickelt hatte. Im Verborgenen wollte sie Gutes tun – sogar denjenigen, die ihr das Leben schwer machten. In einem Gespräch mit ihrem Chef unter vier Augen, in dem es unter anderem um die Verteilung einer lukrativen Arbeitsaufgabe ging, lobte sie die tatsächlich vorhandenen Fähigkeiten der Kollegin Frau Kunz. Früher hätte sie das nie getan. So kam es, dass ausgerechnet Frau Kunz den lukrativen Auftrag erhielt. Obwohl die Klientin es selbst niemandem sagte, sickerte zu der Kollegin durch, wer ihr diesen Auftrag verschafft hatte. Mit einem Mal hörte die üble Nachrede auf. Und während früher über die Klientin am Arbeitsplatz gesagt wurde, dass sie »Haare auf den Zähnen« habe, hieß es nun: »Sie ist hart, aber fair.«

Die Klientin hatte es gar nicht darauf angelegt, trotzdem schlug ihr am Ende plötzlich ein ungeahntes Maß an Wertschätzung bei der Arbeit entgegen. Also gab es auch keinen Anlass mehr für sie, der Batman-Analogie überstreng zu folgen. Sie genoss die öffentliche Wertschätzung und pflegte im Weiteren mit großer Freude ihr »Hart-aber-Fair-Image«.

Für die Klientin ging die Sache also gut aus. Und aus Sicht der Design-Thinking-Forschung halte ich einen Punkt für wesentlich, der hier deutlich wird: Das ist die Wirkung der Iteration. Man muss gar nicht mit einem außerordentlich guten Problemverständnis beginnen! Man muss gar nicht auf Anhieb eine quasi perfekte Lösung vor Augen haben! Entweder man findet seine Abschlusslösung gleich im ersten Durchlauf – oder man hat die Möglichkeit, es erneut zu probieren.

Es ist also keineswegs erforderlich, schon am Anfang eine fertige Vision von *dem* befriedigenden Endergebnis zu haben, um unermüdlich darauf hinzuarbeiten. Man darf sich auf den Prozess verlassen. Man darf gefühlsmäßig immer wieder auch einfach »ins Blaue hinein überlegen«. So wird iteriert, ausprobiert und neu gemacht, bis alle das großartige Gefühl haben: »Ja, jetzt passt's!«

Diese Besonderheit des Design Thinking ist aus meiner Sicht etwas so Spezielles, dass man im Alltag sonst fast gar nicht darauf stößt. Und ich möchte den entscheidenden Punkt noch einmal betonen: Für gewöhnlich arbeitet man nur dann hart auf ein Ziel hin, wenn es einem schon klar vor Augen steht. Und wenn man noch nicht genau weiß, wie die Lösung aussieht, dann weiß man normalerweise zumindest, welches Fachwissen erforderlich ist – wie beim Reparieren eines Autos beispielsweise. Im Alltag gilt für gewöhnlich: erst die Vision, dann der unermüdliche Einsatz. Im Design Thinking ist es genau umgekehrt. Hier nimmt man voller Energie und berechtigter Zuversicht seine Arbeit auf, ohne schon ein konkretes Ziel vor Augen zu haben – oft noch nicht einmal ein konkretes Problem. Wie bemerkenswert ist es also, wenn man gleichwohl mit der größten Regelmäßigkeit am Ende außerordentlich befriedigende Lösungen erreicht! Das ist typisch Design Thinking!

SPIELERISCH AUSPROBIEREN ODER »KORREKT« UND SYSTEMATISCH SEIN?

Da die Design-Thinking-Forschung am HPI in enger Kooperation mit der Stanford University erfolgt, haben wir oft die Gelegenheit, Deutschland und die USA zu vergleichen. Dabei sind meinen Kollegen und mir einige Dinge aufgefallen, die unterschiedlich zu laufen scheinen.

Auf einen Unterschied wurde ich persönlich erstmalig aufmerksam, nachdem ich ein Buch über Traumatherapie gelesen hatte. Im Vorwort berichtete die Autorin von auffälligen Unterschieden zwischen Traumatherapeuten in den USA und Deutschland. Das Verfahren der Traumatherapie, das erst wenige Jahrzehnte zuvor vorrangig in den USA entwickelt worden sei, werde dort mit einer gewissen spielerischen Unbedarftheit von jedem Kollegen in etwas anderer Form eingesetzt und durchaus auch abgewandelt. In Deutschland sei es den Kollegen hingegen oft wichtig, sich möglichst strikt an Manuale zu halten und die Therapie »richtig« durchzuführen.

Beim Design Thinking hatte ich den Eindruck, dass es ähnliche Unterschiede gab. Das Verfahren, das vorrangig als amerikanische, unter maßgeblicher Beteiligung der Stanford University hervorgebrachte Entwicklung galt, schien dort ziemlich freigeistig umgesetzt zu werden. In Deutschland hatte ich den Eindruck, dass viele Beteiligte deutlich stärker bemüht waren, Design Thinking »richtig« zu machen. Bis heute scheint mir das Anliegen, Design Thinking richtig, konsistent oder systematisch umzusetzen, hierzulande relativ stark ausgeprägt, wobei man im Vergleich zu manchen Traditionen in den USA teils auch eigene Wege einschlägt. Ähnliche Unterschiede sehe ich in der Design-Thinking-Forschung, wo die deutsche Seite nach meinem Eindruck stärker als die amerikanische Seite auf herkömmliche, »wissenschaftliche« Theorien und Publikationen bedacht ist.

Als Forscherin zur Wirkung von Räumen fand ich persönlich zudem Unterschiede in der Gestaltung der Arbeitsumgebungen sehr interessant. Nach meinem Eindruck hat die d.school in Stanford einen stärkeren Werkstattcharakter. Im Vergleich dazu wirkt die Arbeitsumgebung in Potsdam vielleicht ein Stück weit gediegener. Vor allem aber scheint mir der Kontrast zwischen den Design-Thinking-Räumen und dem sonstigen Universitätsanwesen in Potsdam größer zu sein als in Stanford. Es ist eine reine Spekulation, aber ich glaube: Auch das Verfahren des Design Thinking fällt in den USA weniger aus dem Rahmen des Gewohnten als in Deutschland.

Gerade an der Stanford University scheint beispielsweise eine Kultur des Ärmelhochkrempelns und Prototypenbauens in vielen Fachbereichen verbreitet. Der starke Fokus auf Prototypen ist dort also keineswegs eine Besonderheit der Design-Thinking-Kultur, die man ausschließlich an der d.school findet. Im Vergleich dazu ist der starke Fokus auf Prototypen an der Potsdamer D-School ziemlich außergewöhnlich; an den meisten anderen Potsdamer Fachbereichen gibt es keine sehr ausgeprägte Prototypenkultur. (Interessanterweise waren es allerdings Kollegen aus Potsdam, die es sich zur Aufgabe machten, Prototypentechniken »wissenschaftlich« zu systematisieren. Ob das wohl ein Zufall war?)

Auch wenn man über den unmittelbaren Campusbereich hinausgeht und das ganze Land betrachtet, scheint mir das Design Thinking in den USA weniger aus dem kulturell gewohnten Rahmen herauszufallen als in Deutschland. Eine eher unbefangene und teils mit großen Gesten verbundene Kultur des »Yeah, this is great, we can do it« ist dort schließlich durchaus verbreitet und prägt auch das Design Thinking. Einen Deutschen mögen die damit verbundenen großen

Gesten bisweilen Überwindung kosten. Das beginnt bereits mit ausgelassenen Warm-ups, die manch einer noch nach Jahren befremdlich findet, so dass er sich vielleicht sogar bei Gelegenheit vor ihnen »drückt«. Ganz in diesem Sinne berichteten mir auch einige der deutschen Ausbildungsteilnehmer in Interviews von einer Erfahrung, die ich selbst vom ersten Einführungsworkshop her kannte: Das eher gediegene Ambiente der Potsdamer D-School sowie auch das Mitmachen klassisch gekleideter D-School-Leiter mögen durchaus wichtig sein, damit man sich als Neuling auf befremdlich wirkende Zeremonien und außergewöhnliche Stimmungslagen überhaupt erst einmal einlässt. Das zu tun lohnt sich freilich: Diesseits und jenseits des Ozeans wird einen die Design-Thinking-Begeisterung schon bald mitreißen.

1 http://dschool.stanford.edu/use-our-methods

Katharina Hölzle

Lehrstuhl für Innovationsmanagement und Entrepreneurship, Universität Potsdam

FORSCHUNG UND WIRTSCHAFT NEU DENKEN

In meiner ersten Design-Challenge ging es um das Redesign von instant-noodle-soup-Produkten. Nach einer kurzen Einleitung ging es direkt in den Selbsttest: Wie nutze ich bestimmte Produkte? Das war das erste Mal für mich, dass ich mir bewusst über meinen Umgang mit Gegenständen Gedanken gemacht und diese entsprechend visualisiert und festgehalten habe. Diese Erfahrung des Reflektierens – was tue ich und warum tue ich es – hat mich tief beeindruckt. Innerhalb dieser ersten zwei Tage sind dadurch die Fundamente für eine neue Sichtweise gelegt worden. Diese Form der Exploration und Reflexion ist für mich nicht mit Begriffen wie »Methode« oder »Prozess« abzudecken. Es geht dabei eher um eine Denkweise – und zwar im Sinne einer komplett neuartigen Betrachtung der Welt. Im Zentrum dieser Denkweise steht der Mensch mit seinen Bedürfnissen. Davon ausgehend wird eine Idee, eine Problemlösung entwickelt.

Was mich heute beim Coaching immer wieder beeindruckt, ist die kreative Eigendynamik, die diese ganz unterschiedlichen Studenten, die so viele unterschiedliche Perspektiven, Einstellungen und Erfahrungen mitbringen, gemeinsam erzeugen. Das zu unterstützen ist für mich ein wichtiges Erlebnis. Ich sage immer, Design Thinking ist mein »treat of the week«. Das ist etwas, worauf ich mich wirklich jede Woche freue. Insbesondere weil man sieht, wie sich die Studenten weiterentwickeln. Wie sie interagieren, wie sie aus dem Team etwas machen und am Ende mit ganz viel Selbstvertrauen ihre Gruppenarbeit präsentieren. Eines meiner Lehr- und Forschungsfelder ist ja das unternehmerische Denken und Handeln. Ich glaube, dass die Studierenden, die an die D-School kommen, bereits mit einer ordentlichen Portion unternehmerischen Geists ausgestattet sind. Trotzdem erhalten sie durch die Lern- und Arbeitsweise an der D-School noch einmal einen Turbo in ihrer Entwicklung. Sie lernen, selbstbewusst mit unbekannten Fragestellungen umzugehen, sich permanent auf neue Situationen einzustellen, Teamkonflikte zu lösen und am Ende gemeinsam eine Lösung zu präsentieren. Nicht umsonst sehen wir, dass viele unserer Studierenden am Ende der D-School-Zeit ein Unternehmen gründen.

» DESIGN THINKING IST MEIN ›TREAT OF THE WEEK‹. «

Gerade neben dem teilweise sehr formalen Universitätsalltag ermöglicht es mir die wöchentliche Auseinandersetzung mit Design Thinking, Dinge, die mich aktuell beschäftigen, aus einer anderen Perspektive zu sehen und damit auch infrage zu stellen. Dabei helfen mir nicht nur die Gespräche mit den Studierenden, sondern insbesondere auch meine Mit-Coaches und der D-School-Staff neue Sichtweisen zu entdecken oder Impulse für meine Forschung und Lehre zu entwickeln.

Viele Leute, denen ich von Design Thinking erzähle, sind überrascht, dass Struktur darin eine so große Rolle spielt. Insbesondere wenn ich das Verhältnis zwischen Struktur und Kreativität anhand der klaren Zeitstrukturierung innerhalb der einzelnen Phasen erkläre, ruft dies häufig Verwunderung hervor. Indem ich in kreativen Prozessen immer wieder die Frage nach einer Strukturierung aufwerfe und auf Design-Thinking-Methoden zurückgreife, erzeuge ich in Meetings oftmals eine ganz neue Dynamik – ohne dabei notwendigerweise von Design Thinking zu reden. Im Gegenteil: Nicht selten halte ich es in Unternehmen sogar für besser, den Design-Thinking-Modus, in dem in den nächsten zwei Stunden gearbeitet werden soll, nicht explizit anzukündigen, sondern einfach Prinzipien davon, wie beispielsweise die richtigen Fragen zu stellen, sich den zukünftigen Nutzer vorzustellen oder bildlich beziehungsweise haptisch zu arbeiten, anzuwenden. Dies hilft, einen Workshop »natürlich« entlang der Problemstellung und -lösung zu gestalten, ohne dass es womöglich Vorbehalte hinsichtlich der Arbeitsweise gibt. Dies kann leicht bei Naturwissenschaftlern oder Ingenieuren der Fall sein, die häufig sehr forschungs- beziehungsweise technologiegetrieben sind und bei der Erwähnung des Wortes Design oder Design Thinking die Augen rollen, weil sie dies zunächst einmal als »Kindergarten« empfinden. Wenn wir dann im Nachhinein das Seminar oder den Workshop reflektieren, sind die meisten erstaunt, wie tief wir auf den Grund des Problems gestoßen sind und wie wenig Zeit wir brauchten, um wirklich neuartige Problemlösungsideen zu entwickeln.

ZUR ZUKUNFT DES DESIGN THINKING

In den meisten Fällen entstehen Innovationen basierend auf einer Technologie oder mit Hinblick auf Geschäftsinteressen und nicht durch unbefriedigte Bedürfnisse. Hier sehe ich ein großes Potenzial, um Design-Thinking-Antworten auf folgende Fragen zu finden: Wie kann man in einer technologiegetriebenen Innovationsentwicklung, insbesondere im Business-to-Business-Bereich den menschlichen Faktor berücksichtigen? Wie kann eine Denkweise gefördert werden, die bereits in der Forschung und Entwicklung menschliche und gesellschaftliche Bedürfnisse implizit und explizit berücksichtigt, um über ein solches (häufig auch unbewusstes) Wissen radikale Innovationen hervorzubringen? Konkret: Wie kann ich zum Beispiel einem Ingenieur, der eine neue Turbine entwickelt, eine Perspektive vermitteln in der er nicht nur die Turbine und ihre Leistungsmerkmale, sondern das finale Produkt beziehungsweise die finale Dienstleistung im Mittelpunkt seiner Entwicklung sieht. Dabei geht es dann sehr wohl einerseits um eine klar technologiegetriebene Entwicklung, die auf Basis neuer Forschungserkenntnisse neue technologische Konzepte anwendet, sich aber andererseits auch die Frage stellt, welches Problem eigentlich gelöst werden soll. Dieses permanente Hinterfragen von angenommenen Wirklichkeiten ist für mich eine Stärke des Design Thinking. Und wenn das mit einem fundierten naturwissenschaftlichen und technischen Wissen verbunden wird, dann können radikale Innovationen entstehen.

Technologie, menschliche Bedürfnisse und wirtschaftliche Interessen durch neue Denkweisen und daraus resultierend andere Lern-, Lehr- und Arbeitsweisen zu verbinden, das ist für mich eine zukunftsträchtige Aufgabe. Ich wünsche mir, dass es in Zukunft möglich ist, durch eine neue, integrierende Sicht Gesellschaft, Wirtschaft, Technologie und Innovation neu zu denken.

Für mich konkret bedeutet das, dass ich mir neben der täglichen Integration von Design Thinking in meine Arbeit und Lehre vorgenommen habe, Design Thinking auch auf die Wissenschaft zu übertragen. Ich habe nämlich keine Lust mehr, zum tausendsten Mal die gleichen Zusammenhänge zu sehen und immer nur inkrementelle Veränderungen zu erleben. Das heißt: Wenn wir uns bei Forschungsprojekten von Anfang an fragen, für wen wir die Forschung machen und inwiefern unsere Forschungsergebnisse eine echte Veränderung bewirken können (wovon wir auch unsere Geldgeber überzeugen), dann würde die Forschung sehr viel praxis- und zielorientierter sein und könnte die oben geforderten technologischen, gesellschaftlichen und wirtschaftlichen Veränderungen zumindest mit beeinflussen. Gleichzeitig könnten wir durch den Einsatz der Design-Thinking-Prinzipien Interdisziplinarität, Iteration und Schnelligkeit unsere Annahmen rascher überprüfen und durch die Einbindung verschiedener Disziplinen aus unterschiedlichen Blickwinkeln betrachten.

Nur so ist in meinen Augen bahnbrechende Forschung möglich – wohlwissend, dass gerade in der Forschungslandschaft eine Zusammenarbeit zwischen den Disziplinen, eine Übersetzung der vielen unterschiedlichen Forschungsperspektiven und das Infragestellen »klassischer« Forschungsmethoden nicht ganz einfach ist.

Margret Rasfeld

Evangelische Schule Berlin Zentrum

SCHULE NEU DENKEN

Wir begreifen Schule als lernende Organisation. Schule muss sich immer wieder neu erfinden, wenn sie fit für die Herausforderungen des 21. Jahrhunderts sein will. Wir stellen uns dieser Herausforderung jeden Tag und arbeiten mit viel Herzkraft und Energie daran. Gemeinsam mit der HPI D-School bringen wir die Bildungstransformation in Deutschland voran.

Die erste Design-Challenge, der wir uns mit unseren Schülerinnen und Schülern stellten, war: Wie kann man Projektunterricht an Schule innovativer gestalten? Ein Lehrer unserer Schule und zwei Design Thinker haben mit unseren Schülern zusammengearbeitet und nach Lösungen für die Herausforderungen von offenem, projektbasiertem Unterricht gesucht. Mich hat die offene, kreative Atmosphäre beeindruckt. Noch beeindruckender war die Leistung unserer Schülerinnen und Schüler. Dies drückt sich am klarsten in den Rückmeldungen der Coaches aus:

»Es ist überwältigend zu sehen, mit welchem Selbstverständnis die Schüler im Alter zwischen 13 und 16 Jahren Motivation, Begeisterung und Engagement für schulische und außerschulische Themen aufbringen.«

»Sie sind reflektiert, haben fabelhafte Umgangsformen, kommunizieren professionell, bleiben dabei jedoch offen für Neues und behalten etwas Spielerisch-Fröhliches. Dafür habe ich zehn Jahre länger gebraucht.«

»Mich hat die Präsentationsstärke der ESBZ-Schüler sehr beeindruckt. Nach nur kurzer Vorbereitungszeit stellten die Schüler ihre Konzepte frei, eloquent und gut strukturiert vor.«

»Die Schüler der ESBZ haben viel Erfahrung mit dem Arbeiten im Team – das zeigt sich sehr schnell. Auch unter Zeitdruck verstanden sie es, die bestehenden Aufgaben untereinander aufzuteilen und sich dennoch immer wieder im Team abzustimmen.«

VON SCHÜLERINNEN UND SCHÜLERN LERNEN

Unser Projektunterricht gewinnt an Struktur und Professionalität mithilfe von Design Thinking. Der Vorteil von Design Thinking ist die klare Struktur. In der Schule wird bereits viel in Gruppen gearbeitet, jedoch kann es passieren, dass nach einer halben Stunde immer noch nicht alle wissen, wer welche Aufgabe übernimmt, so dass die Motivation schnell nachlässt. Gerade aber in den offenen Formaten von Projekten ist es ein wesentliches Ziel, dass Schüler abends mit dem Wissen nach Hause gehen, dass sie gemeinsam viel erreicht haben.

Unsere Schüler waren von dem ersten Pilotprojekt total begeistert. Sie haben immer wieder angefragt, wann wir das nächste Mal so arbeiten können. Und eine Mutter hat mir sogar geschrieben, ihr Sohn würde nie von der Schule erzählen, hätte aber vom ersten Projekt mit der D-School mit großer Begeisterung berichtet, und sie fragte sogar an, ob beim nächsten Projekt sie anstelle ihres Sohnes teilnehmen könne. Wir haben tolle Rückmeldungen gekriegt, was bestätigt hat, dass diese Art zu lernen tatsächlich Kompetenzen, insbesondere Teamkompetenzen stärkt.

Im Rahmen des Projektes »Creative Confidence« und »Demokratour« haben unsere Schülerinnen und Schüler mit verschiedensten digitalen Medien politische Themen im Sozialraum erkundet und Lösungen für soziale und politische Probleme in der Stadt gefunden.

Wir haben viele Kontakte zu Unternehmen knüpfen können, denn Design Thinking – von Schülerinnen und Schülern ausgeübt – schuf eine ganz neue Art von Kooperation zwischen Schule und Unternehmen. Unternehmen verstehen, dass sie in Sachen Kreativität und Querdenken gerade von Schülerinnen und Schüler lernen können. Unser Projekt mit der European Leadership Academy zeigte dies bereits ganz deutlich: Schüler können mithilfe von Design Thinking Manager coachen. Das gemeinsame kreative Arbeiten durchbricht Altersgrenzen, die Kinder geben ihre volle Kreativität in einen Innovationsprozess und bewegen dabei die Herzen der Manager. Plötzlich lösen sich Hierarchien im Raum und gemeinsam Neues zu denken ist das Ziel.

» ICH KONNTE UND KANN MEINEN SCHÜLERN UND SCHÜLERINNEN EINE METHODE FÜR DIE ZUKUNFT MITGEBEN, MIT DER SIE SICH JEDER BELIEBIGEN HERAUSFORDERUNG IN BERUF UND STUDIUM STELLEN KÖNNEN. «

Mit diesem Format lernen Schulen also nicht nur von Unternehmen, sondern auch umgekehrt – und sind somit auf Augenhöhe. In einer Zeit, in der Unternehmen sich mehr und mehr im Schulbereich einbringen wollen, ist das eine unabdingbare Voraussetzung. Die Schülerinnen und Schüler haben auf der European Leadership Academy eigenständig und selbstbewusst Manager in Kreativität gecoacht. Der Organisator der ELA meinte, dass »die Arbeit mit den Schülern einen Kreativstau aufgelöst« habe. »Viele der Ideen und Lösungselemente stammen von den Managern, aber ohne die Schüler wären sie nicht freigesetzt worden.« In einem späteren Projekt haben unsere Schülerinnen und Schüler zusammen mit der Deutschen Bahn und der InnoZ GmbH Lösungen für den Arbeitsplatz der Zukunft entwickelt (Die Challenge: »DB 2020 – Dein Konzern wird zum Kiez«). Dank dieser Erfahrungen weiß ich: Ich konnte und kann meinen Schülern und Schülerinnen eine Methode für die Zukunft mitgeben, mit der sie sich jeder beliebigen Herausforderung in Beruf und Studium stellen können.

DER NOTWENDIGE PARADIGMENWECHSEL

Jede Phase des Design Thinking fördert die notwendige Ausbildung der Gestaltungskompetenzen für das 21. Jahrhundert. Sich beispielsweise in eine Person hineinzudenken und für diese einen Prototyp zu erstellen heißt: mit Herz und Verstand zu lernen und sich auf andere Perspektiven einzulassen, die gesammelten Erkenntnisse zu ordnen und Sinn zu generieren, um dann zu handeln! Man geht hinaus ins Leben, bezieht andere in sein Denken und Tun mit ein und entwickelt dadurch eine ganz besondere Haltung, die zu ganz neuen Lösungen führt. Dass ich erst einmal zum Hörenden werde, die Welt mit einbeziehe – das ist ein ganz anderer Ansatz als der im klassischen Schulbetrieb verfolgte, in dem einseitig Fragen gestellt werden, deren Lösungen im Lehrerhandbuch stehen.

Was wir zur Kenntnis nehmen müssen, ist: Wir haben kein Wissensdefizit, wir haben ein Handlungsdefizit in unserer Gesellschaft. Unsere universitären Systeme produzieren Einzelkämpfer mit Nischenwissen. Die D-School bricht diesen Flaschenhals, stärkt einen weiten Blick und lässt Handlungswissen entstehen: weg von den Büchern, weg vom Schreibtisch, weg von Theorien, rein in die Praxis, rein ins Tun. Prototyping und Testing heißt lernen zu handeln. Wir müssen Wissen da umsetzen, wo es gebraucht wird. Lernen braucht Begeisterung, Begeisterung braucht Bedeutsamkeit, Bedeutsamkeit braucht Sinn. Wir als Evangelische Schule Berlin Zentrum kennen Prototyping bereits gut: Wir probieren Neues, wir beobachten, ob es klappt, wir überdenken und probieren weiter aus. Wir als Schule sind eine lernende Organisation, eine »*self-iterating organisation*«, daher passt der Design-Thinking-Ansatz so gut zu uns.

Weder Schule noch Hochschule fordern und fördern Kollaboration und multidisziplinäre Zusammenarbeit, mit fatalen Folgen – Einzelkämpfertum sieht man in Deutschland in allen Berufszweigen. Das Besondere an Design Thinking ist, dass Expertenwissen in einen kollaborativen Prozess eingebunden wird. Damit werden Einzelkämpfer unwichtiger, der Teamgedanke kommt zum Vorschein. In meinem Feld Schule ist Kollaboration mitnichten etwas Selbstverständliches. Lehrkräfte arbeiten für gewöhnlich nicht in Teams, sie sitzen alleine und dem Burnout nahe in ihrem Klassenzimmer und sehen sich in der alleinigen Verantwortung für das Gelingen jedes Einzelnen in einer Klasse. Sie vergessen dabei, dass sie auch die Lehrkraft aus dem anderen Fachbereich, aus der anderen Klasse, aus dem anderen Kollegium fragen könnten – und verpassen dadurch die Chance, dass ein Team die beste Basis ist, erfolgreich in der pädagogischen Arbeit zu sein.

Genauso verhält es sich mit Unterricht. Tests werden von Schülern alleine ausgeführt, die Kompetenzen Einzelner in immer stärker werdenden Wellen abgefragt, der Prototyp des Schulabsolventen ist der Einzelkämpfer mit Scheuklappen und Ellbogen. Wird Design Thinking im Unterricht eingesetzt, verschwindet dieses Paradigma: Plötzlich müssen gemeinsam Ziele gesteckt und Lösungen und Ideen als Gruppe produziert werden. *Build on the idea of others* – dieser Gedanke ist in Deutschland nach Jahrzehnten Schulreformen immer noch nicht angekommen. Hier kann Design Thinking noch viel an unseren Schulen bewegen und die Herzen für ein menschlicheres Zusammenarbeiten öffnen. Bei uns gibt es in der Sekundarstufe I schon lange keine Noten mehr, werden Tests ohne Angst individuell geschrieben, zählt im Projektunterricht das gemeinsame Ergebnis.

Das Arbeiten und Denken in interdisziplinären Teams wird in den jetzigen Schulstrukturen gewissermaßen verhindert. Vielleicht wird gerade noch verstanden, dass interdisziplinäre Teams etwas Gutes sein können, aber kaum jemand mag erkennen, dass Heterogenität generell gut, also auch gut in unserem Schulsystem ist. Entsprechend wird ja auch selektiert und aussortiert und sind viele Eltern der festen Überzeugung, dass Leistungsstufen bloß nicht zusammengelegt werden sollten. Sie kennen es nicht anders, also können sie es auch nicht anders sehen. Die Vorteile der Arbeit in heterogenen Gruppen muss man selbst erleben, um überzeugt zu werden. Die ESBZ ist eine Gemeinschaftsschule. Wir nehmen alle Kinder an und arbeiten in Jahrgangsmischung. Wenn wir die Kinder nach ihrer Erfahrung befragen, bestätigt sich dieses System.

Ähnlich verhält es sich mit Design Thinking. Man muss sich darauf einlassen, um seine Vorteile zu erkennen. Es ist immer ein mutiges Experiment, das auch immer scheitern oder gelingen kann. Mit beiden Möglichkeiten kann Design Thinking umgehen. Wenn man das bemerkt hat, dann hat man den Kern erfasst. Gerade im Bildungsbereich ist Design Thinking viel wert und kann viel bewirken. Daher: Es lohnt sich, Mut zu haben, visionär zu sein.

DIE ESBZ ALS ORT DER INNOVATION

Lehrer und Schüler, aber auch Hochschulen und Unternehmen sehnen sich nach Innovation und Experimenten in der Ausbildung hin zum Abitur. Leistungsdruck, Einzelkämpfertum und Fokus auf gute Noten stehen im Vordergrund, doch die Anforderungen an die Abiturienten haben sich verändert: Hochschulen wollen Studienanfänger, die wissen, wieso sie sich für das angestrebte Studium interessieren und welche Person hinter der Bewerbung steckt. Das klassische Abiturzeugnis sagt darüber wenig aus. Unternehmen schauen immer weniger auf Notendurchschnitte, sondern auf die Persönlichkeit. Sie suchen Mut, Kreativität, Querdenker mit Team-, Beziehungs- und Vernetzungsfähigkeit. Design Thinking hat uns da ein großes Stück weiter gebracht. Wir sind den Fragen nachgegangen: Wie können wir die Oberstufe so weiterentwickeln, dass selbstorganisiertes und kollaboratives Lernen möglich ist, fernab von klassischen Grund- und Leistungskursen? Wie können wir vielfältige Begabungen im Rahmen entsprechender Lernwege in der Oberstufe fördern? Wie können wir unsere Jugendlichen noch besser auf die Herausforderungen nach der Schulzeit vorbereiten?

Zu diesen Fragestellungen haben wir mit Schülern und Kollegen am Anfang der Sommerferien einen intensiven Workshop veranstaltet. Die Teilnehmer sind nach dem Endspurt am Schuljahresende etwas gerädert in den Workshop gestartet. Das gemeinsame Arbeiten und Gestalten hat dann aber so viel Freude und Lust bereitet, dass wir mit mehr Energie aus dem Workshop rausgehen konnten.

Nach dem Workshop hatte ich jedoch auch einige Zweifel. Unsere neuen Ideen werden in der Verwaltungsbürokratie auf Riesenhindernisse stoßen. Viel zu streng ist der Weg zum Abitur organisiert, viel zu viele rechtliche Bestimmungen verhindern ein Überdenken der alten Strukturen. Wie kann es uns gelingen, die Schulaufsicht zu überzeugen? Nach drei Monaten intensiver Weiterarbeit stellte die Arbeitsgruppe die Ergebnisse Unternehmern, kritischen Freunden, Eltern, Schülern und Lehrern vor. Mit dabei war auch ein Vertreter der Schulaufsicht für Gymnasien in Berlin-Mitte. Die Schulaufsicht zeigte sich begeistert von unserem Konzept und wir wurden sehr ermutigt, einen Schulversuch anzugehen. Wir stehen nun knapp vor einem Antrag, unsere Lehrer und Schüler arbeiten mit Hochdruck an der Umsetzung.

Hier hat der Innovationsprozess bereits jetzt Wirkung gezeigt. Meine Mitarbeiter und Schüler haben Herzblut und Einsatz gezeigt und ihre kreativen Ideen sind ins Projekt eingeflossen. Die Zukunft wird zeigen, ob der Innovationsprozess bereits in den nächsten ein bis zwei Jahren Realität wird. Das ist unser ehrgeiziges Ziel. Ich glaube fest daran, denn die mit Design Thinking entstandenen Ideen haben bereits zu viel Staub aufgewirbelt, als dass man sie übersehen könnte.

Für dieses Handeln wurden wir eine der ersten ChangeMaker-Schulen im Netzwerk von Ashoka Deutschland e.V., dem internationalen Netzwerk für soziale Entrepreneure. Besonders stolz sind wir darauf, dass einer unserer Oberstufenschüler als der erste Schüler überhaupt in der Geschichte der D-School sich als Student des Basic Tracks einschreiben konnte. Jonathan Schmalwasser ist 17 und besucht an zwei Tagen in der Woche die School of Design Thinking. Die Erfahrungen, die er dort gemacht hat, haben ihn bereits jetzt maßgeblich geprägt und ein bedeutendes Stück weitergebracht.

Wir haben uns auch dazu entschieden, einen Innovationsraum in der Schule einzurichten. Fünf Arbeitsplätze mit Whiteboards und Stehtisch – der Design Thinking Spirit soll in unserer Schule sein. Es ist ein wertvoller Effekt des Design Thinking, den Mut in den Menschen zu wecken, sich selbst einzubringen und aktiv ihre Umwelt zu verändern. Lernen zu handeln, das zeichnet Design Thinking für mich aus. Es ist einer der Grundpfeiler der UN-Dekade für nachhaltige Entwicklung und einer der Schlüssel, unsere Gesellschaft menschlicher zu gestalten.

ZUR ZUKUNFT DES DESIGN THINKING

Design Thinking findet sich in vielen verschiedenen Bereichen der Innovationsförderung wieder – wenn auch in abgewandelter, modifizierter angepasster Form. Im Bildungsbereich wird sich Design Thinking anders entwickeln als im Unternehmenssektor. Dies sieht man an der Arbeit der Initiative Neues Lernen e.V.: Die Initiative bietet sogenannte Anstoß-Workshops für Lehrkräfte, Eltern, Schüler und Schulleitung an, die Freiraum zur Entwicklung der eigenen Schule geben. Die Initiative bedient sich vielfältiger Elemente des Design Thinking und passt gleichzeitig die Methodik stark an den schulischen Kontext an. Denn ein Innovationsprozess an der Schule funktioniert manchmal etwas anders als ein Innovationsprozess in der

Produktentwicklung eines Unternehmens. Eines steht fest: Die Evangelische Schule Berlin Zentrum will sich immer weiterentwickeln, neu erfinden, immer besser werden.

Es könnte sein, dass sich in 20 Jahren der Paradigmenwechsel hin zu einer anderen Lernkultur vollzogen hat. Zurzeit bröckelt es im Bildungssystem an allen Ecken und Enden und es lässt sich nur noch durch Festhalten an alten Strukturen und Verhaltensmustern einigermaßen aufrechterhalten. Ich glaube, die meisten Menschen spüren die Veränderung zwar, können ihre Wahrnehmung und ihre Wünsche nur nicht in Worte fassen. Wenn sie aber andere Modelle sehen könnten, erleben könnten, wie Schulbildung auch anders, besser funktionieren kann und starke Menschen daraus hervorgehen, dann wären sich die meisten wohl einig darin, welche Richtung eingeschlagen werden sollte. Es gibt genügend junge Menschen, die diesen anderen Weg schon gegangen sind. Von ihrem Erfolg kann Schule insgesamt nur lernen.

D-School an der Communication University of China

Genovasi Malaysia

d.school Stanford

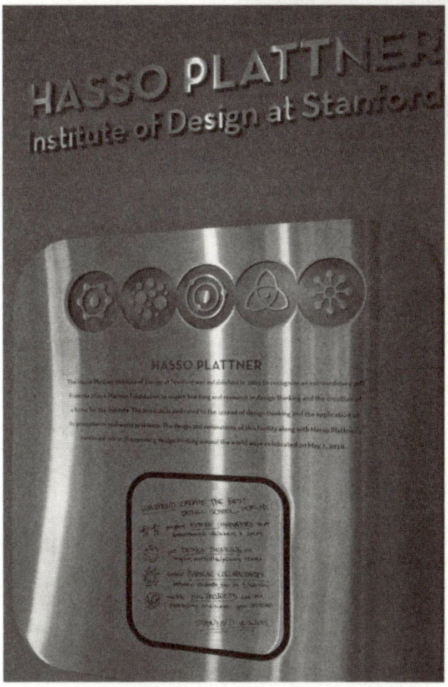

II. DESIGN THINKING GLOBAL

Bernard Roth
d.school Stanford

DESIGN THINKING IN STANFORD

Die erste große Design-Thinking-Challenge, an die ich mich erinnere, war im Jahr 1970, während eines Synectics Workshops an der Stanford Design Division Faculty. Mein großer Durchbruch lag darin, mein Thema von einer Entweder-oder- zu einer Sowohl-als-auch-Angelegenheit neu zu fassen. Die Überwindung meiner selbst gewählten Beschränkung war ein echter Befreiungsschlag. Es war ein tolles Gefühl, das ich auf dem Weg nach Hause und auch am nächsten Abend hatte und das sich noch heute, Jahre später, aufgrund dieser Erkenntnis einstellt. Durch diese Erfahrung wurde mir klar, dass eine der größten Stärken des Design Thinking darin liegt, Probleme *reframen* zu können. Auf jeden Fall fließt dieser Aspekt ein in das, was wir zunächst Bedürfnisfindung nannten und was heute als Phase der Empathie oder Problembenennung in einem Prozess bezeichnet wird. Das *Reframing* kann und soll allerdings in jeder Phase eines Prozesses stattfinden, nicht nur an seinem Beginn.

Design Thinking erkläre ich immer anhand von Geschichten über Projekte, die durch *Reframing* der Problemdarstellung erfolgreich verliefen. Außerdem mache ich kurze Ausführungen dazu, was es heißt, keine Angst vor dem Scheitern zu haben, und zum Learning by Doing. Ich mache klar, dass es um Handlungsorientierung geht, mit der man sich im Übrigen allen Bereichen nähern kann. Dann erkläre ich noch, dass es ursprünglich aus der Produktentwicklung kommt und später auch auf Dienstleistungen übergegangen ist. Mittlerweile gilt es als eine besondere Methode, Probleme zu lösen, die konventionellere Methoden ergänzen oder ganz ersetzen kann. Richtig angewandt, führt sie zu Ideen und Lösungen, die mit konventionellen Ansätzen nicht zu entdecken sind.

Dass ich mit Design Thinking zu tun habe, war für mich als Lehrbeauftragter für Design, Kreativität und Interaktion eine ganz natürliche Entwicklung. Als ich mich näher damit befasste, begriff ich, dass es viel mehr dem entsprach, was ich unter Bildung verstand, als das, was ich bis dahin als klassischer Dozent gemacht hatte. Design-Thinking-Prinzipien helfen mir, entsprechend meiner Auffassung zu lehren, dass Studenten sofort an bedeutsamen und realistischen Projekten arbeiten können und nicht damit warten müssen, bis sie den Abschluss haben. So zu lehren ist sehr spannend und befriedigend.

WIE ES ZU ECHTEN VERÄNDERUNGEN KOMMT

Wenn ich Design Thinking erklären soll, greife ich bevorzugt auf Erlebnisse zurück, die mit Projekten am Hasso Plattner Institute of Design in Stanford (die Stanford d.school) zu tun haben. Ich wähle solche, bei denen es durch Einfühlung in die Nutzerposition zum *Reframing* der Problemstellung und infolgedessen zu einem echten Durchbruch kam. Beispiele gibt es viele, zwei der bezeichnendsten von Stanforder Studenten sind:

1) d.light: ein Wasserpumpenprojekt, aus dem ein LED-Solarbeleuchtungsprojekt wurde, eine profitable Firma, die mittlerweile in 42 Ländern aktiv ist und Millionen Leuchtmittel zu einem bezahlbaren Preis verkauft hat.
2) Embrace: In diesem Projekt wurde aus einer Battery Backup Unit ein Inkubator für Frühchen, der ohne Elektrizität funktioniert und vergleichsweise günstig ist. Studenten haben damit ein Produkt entwickelt, das schon zehntausende Leben gerettet hat.

Ein anderes Projekt, über das ich oft spreche, um die Kraft des Design Thinking zu demonstrieren, ist das Paradebeispiel aus unserem Weiterbildungsprogramm für Führungskräfte. Es handelt sich um die Arbeit von Doug Dietz, der in der Sparte Medizintechnik von General Electric Designer ist. Doug war ziemlich geschockt, als er erfahren musste, dass etwa 85 Prozent aller Kinder, die in den von ihm mitentwickelten Magnetresonanztomografen untersucht werden, dafür Beruhigungsmittel benötigen. In einem Workshop für Führungskräfte an der d.school erfuhr er dann, welch wichtige Rolle die Empathie für Nutzer spielt.

Zurück an seinem Arbeitsplatz, hat er sofort ein Beratungsgremium aus Kindern, die zu den häufigen Patienten gehören, gebildet. Auch Kinderpsychologen, Kindermuseen und Lehrer hat er konsultiert. Auf der Grundlage seiner so gewonnenen neuen Einsichten hat er dann eine MRT-Untersuchung neu entworfen: weg von einer medizinischen Prozedur hin zu einem Abenteuer. In einem Fall war der Tomograf wie ein Piratenschiff bemalt, und die Kinder wurden aufgefordert stillzuhalten, um sich vor den Piraten zu verstecken. Auch hat er die Untersuchungsräume in abenteuerliche Erlebniswelten verwandelt und speziell gestaltete Comics an die Kinder verteilt, die ihr Abenteuer zum Inhalt hatten. Die Rate an vergebenen Beruhigungsmitteln sank von fast 85 Prozent auf weniger als 2 Prozent.

Eine andere Design-Thinking-Erfahrung, an die ich mich gern erinnere, weil sie mich so berührte, kommt aus meinem Transformative-Design-Unterricht, den ich zusammen mit Bill Moggridge und anderen gab. Ein vierköpfiges interdisziplinäres Team von Stanford-Master-Studenten sollte etwas erfinden, das das Leben von Menschen zu ändern in der Lage wäre. Anfänglich hatten sie Mühe, etwas Passendes zu finden. Schließlich stießen sie auf ein paar Reinigungskräfte, die nachts das Gebäude sauber machten. Die Putzleute waren erst vor kurzer Zeit aus Mexiko gekommen und sprachen fast kein Englisch. Da zwei der Studenten ein bisschen Spanisch sprachen, war ein wenig Kommunikation möglich.

Die Studenten fanden heraus, dass die Reinigungskräfte sich in Finanzdingen kaum auskannten und dadurch bei fast jedem Geschäftsvorgang über den Tisch gezogen wurden. Sie zahlten zu viel für ihre Handys, ihre Fernseher, ihre Scheckeinlösung, Transport und, und, und. Auch hatten sie keine Konten, geschweige denn Kreditkarten. Sie bewegten sich ganz außerhalb des Finanzuniversums, das für die Studenten selbstverständlich war. Nun fingen die Studenten an, spanischsprachige Unterrichtseinheiten über den Umgang mit Geld und Finanzplanung zu entwerfen und zu testen. Die Ergebnisse waren erstaunlich: In sechs Monaten waren zwei der Putzleute in der Lage, 9 Prozent ihres bei nur knapp 40 000 Dollar liegenden Jahreseinkommens einzusparen. Das wiederum hat einen der Studenten so beeindruckt, dass er eine Firma mit Namen *Juntos* gründete, die es Menschen ermöglicht, mittels normaler Handys ihre Finanzdinge zu regeln. Weltweit gibt es Abermillionen Menschen, die keinen Zugang zum Bankensystem haben, und die die Dienste dieser Firma in Anspruch nehmen können. In Anerkennung ihrer Verdienste um die Verbesserung der Lebenssituation von Armen erhielt *Juntos* dann auch den Financial Inclusion Innovation Award der G20.

Das Original mit den Projektnotizen der Gruppe habe ich aufbewahrt. Wann immer ich sie mir anschaue, bin ich zu Tränen gerührt vom Mitgefühl der Studenten für die Putzleute. Man kann unschwer verstehen, warum Projekte wie diese die Lebensläufe von Studenten verändern.

DESIGN THINKING HAT DIE ART, WIE ICH ARBEITE, VERÄNDERT

Design Thinking hat die Art, wie ich arbeite, vollkommen verändert. Statt allein oder einzeln mit meinen PhD-Studenten zu arbeiten, findet nun ein großer Teil meiner Arbeit mit Gruppen statt. Auch hat sich ein Großteil meiner Lehre dahingehend verändert, dass sie nicht mehr vorlesungsbezogen ist und ich der einzige »Lehrkörper« im Unterrichtsraum bin, sondern projektbezogen in einem Lernatelier zusammen mit einem ganzen Lehrerteam stattfindet.

Und ich betrachte Forschung und das Verfassen von wissenschaftlichen Artikeln nicht mehr als den wesentlichen Ausdruck meiner Kreativität. Als ausgesprochen befriedigend empfinde ich es, mit echten Fragestellungen mich zu beschäftigen und studentische Erfahrung damit zu bereichern. Auch wenn es manchmal frustrierend ist. Ich bin zwar stolz auf meine frühere Forschung und meine Veröffentlichungen, finde es aber dank Design Thinking inzwischen wichtiger, so direkt wie möglich an den aktuellen Themen von Menschen zu arbeiten. Deshalb sind für mich derzeit Design Thinking und die Stanford d.school so wichtig, während meine klassische Forschungsausrichtung in den Hintergrund tritt.

Es ist ein Glück für mich, dass ich bei der Arbeit von Design Thinkern umgeben bin. Denn was Design Thinking so speziell macht, ist, dass es im Kern eine nutzerzentrierte Art ist, Geschäfte zu machen. Deshalb fragen wir uns an der Uni immer, was das Beste für die Studenten sei. Mit wem auch immer wir es zu tun haben, wir suchen immer nach Win-win-Ansätzen. Fragen und Aufgabenstellungen werden dabei immer wieder reframed. Das macht uns nicht gerade zur schnellsten oder effizientesten Gruppe an der Universität, aber ganz sicher zu einer der kreativsten, innovativsten und gefragtesten. Für mich hat Design Thinking eine große Veränderung gebracht. Genauer gesagt, habe ich die Gruppen innerhalb meiner Organisationen gewechselt. Meine alte Gruppe arbeitet mehr oder weniger nach den alten Prinzipien, auch wenn ich fairerweise sagen muss, dass es eine leichte Tendenz hin zu Design-Thinking-Methoden gibt. So hat sich die Begrifflichkeit mehr zum Design Thinking hin gewandelt, die tägliche Arbeit ist jedoch zumeist unverändert geblieben. Meine neue Organisation indessen – die d.school – arbeitet fast ausschließlich nach Design-Thinking-Prinzipien. Was also ist der Unterschied zwischen meiner alten und der neuen Gruppe? Ich würde sagen, der größte Unterschied ist der, dass die Design-Thinking-Gruppe stärker auf Zusammenarbeit basiert. Meine Lehraktivitäten sind gänzlich auf Zusammenarbeit ausgerichtet. Darüber hinaus ist der Grad der Spezialisierung bei den Lehrteams und den an Unterricht und Projekten beteiligten Studenten an der d.school höher.

> » JE MEHR EINEN DAS, WAS MAN FÜR ANDERE TUT, PERSÖNLICH ANGEHT, DESTO GRÖSSER DIE CHANCE, GUTE ERGEBNISSE ZU ERZIELEN. «

Design Thinking hat gar nicht in erster Linie mit Denken zu tun, sondern vor allem mit Handeln. Bestimmte Tätigkeiten jedoch gehen mit gründlichem Nachdenken einher. Wenn einem das komisch vorkommt, dann wird man nie ein guter Design Thinker werden! Was man sich auch klarmachen muss, ist, dass Design Thinking viel Arbeit und persönliches Engagement erfordert. Je mehr einen das, was man für andere tut, persönlich angeht, desto größer die Chance, gute Ergebnisse zu erzielen.

Design Thinking ist keine Wunderwaffe. Manchmal führt es auch zu keinem guten Ergebnis, oft kann es auch frustrierend sein. In jedem Fall aber gilt wie bei anderen Tätigkeiten auch: Je mehr man übt, desto besser wird man. Nicht jeder kann es gut. Man muss vor allem zuschauen, zuhören und den Mund halten können. Auch muss man gut mit anderen zusammenarbeiten und sich in andere hineinversetzen können. Das spielerische Kind in einem ist dafür sehr nützlich, das freche Kind nicht.

ZUR ZUKUNFT DES DESIGN THINKING

Die Zukunft ist nicht vorhersehbar, wir befinden uns in einer Phase des Übergangs. Es ist zu einer schnellen Verbreitung und Akzeptanz des Design Thinking sowohl in der Industrie als auch bei der Regierung und der akademischen Welt gekommen. Dass sie einmal so groß sein würde, hätte ich nicht gedacht. Das liegt zum einen an dem großen Anwendungsgebiet für das Design Thinking, zum anderen an den positiven Erfahrungen und den erreichten erfolgreichen Lösungen. Mit der Zeit wird es sicherlich noch andere Bezeichnungen geben, wir lesen ja heute schon »Design-Intelligenz« oder »Kreativität & Selbstvertrauen« in Buchtiteln zu Design Thinking. Doch wie auch immer die Bezeichnung sein mag, wie schnell es übernommen wird, hängt am Ende von den Erfahrungen ab, die mit Design Thinking gemacht werden.

Leider hat es auch negative Erfahrungen gegeben, und das wird auch in Zukunft so sein. Nicht jeder, der Design Thinking verkauft, setzt es gut um. Erfahrung oder die Kenntnis von Prozessschritten allein machen noch keinen guten Design Thinker aus. Viele versprechen zu viel und übertreiben und wenn dann erst einmal Erwartungen bei anderen enttäuscht wurden, werden sie Design Thinking meiden. Doch trotz einiger Rückschläge glaube ich, dass sich die Grundgedanken und Methoden in unserer Kultur verankern werden. Sicherlich wird es Ergänzungen und Abänderungen geben. Oder eine Fraktion könnte mit einer »exakten« Definition für Design Thinking aufwarten, woraufhin es dann zu Abspaltungen kommen könnte. Auch wird es immer Diskussionen über bestimmte Methoden geben, wie zum Beispiel das Brainstorming. Neue Methoden werden angeregt und alte verändert werden.

Die Grundgedanken jedoch – Nutzerorientierung, interdisziplinäre Arbeitsgruppen, die Ausrichtung auf Handeln und Learning by Doing – werden die Art, wie Menschen Probleme lösen und kreativ sind, beeinflussen. Wahrscheinlich werden die Grundideen sogar im Bildungswesen ankommen und damit Menschen aller Schichten als Instrument in ihrem Alltag zur Verfügung stehen.

Im allerbesten Fall wird Design Thinking als Begriff verschwinden und einfach der Weg sein, wie Regierungen, Unternehmen, Bildungseinrichtungen und Individuen Tag für Tag ihre Dinge regeln.

Shui Linlin

D-School at the Communication University of China

DESIGN THINKING IN PEKING

Meine erste Begegnung mit Design Thinking fand während eines SAP-Workshops am Hasso-Plattner-Institut in Potsdam statt. Das war im Jahr 2010. Unsere Aufgabe war, Möglichkeiten zu erkunden, wie die Schwierigkeiten und Probleme älterer Leute bei der Nutzung von Mobiltelefonen verringert werden können. Mein Kollege, Professor Lu Shengzhang, der viel Erfahrung im Bereich Animation hat, kannte sich mit Design Thinking schon recht gut aus. Für mich als Informatikerin dagegen waren die Design-Methoden, die ich bei dem Workshop kennenlernte, erst einmal ganz neu und sie erschienen mir recht ungewöhnlich. Auch war es das erste Mal, dass ich erleben sollte, wie interdisziplinäre Teams tatsächlich in der Praxis zusammenarbeiten.

Diese Interdisziplinarität hat mich gleich überzeugt und aus meiner Sicht wird die Fähigkeit, so vorzugehen, in der Industrie zunehmend erforderlich sein.

Was mir als Ingenieur leichtfiel, war, schnell die richtigen Fragen zu stellen. Um einfache Aufgabenstellungen im IT-Bereich zu bearbeiten, gehen wir schlicht rational vor, sobald die Probleme komplizierter und komplexer werden, zerlegen wir sie normalerweise in mehrere Teilaufgaben. Dadurch können wir aber oft nur einen Aspekt in dem Moment bearbeiten. Der Vorteil liegt zwar in der Komplexitätsreduktion, gleichzeitig jedoch verlieren wir oftmals das Gesamtbild aus den Augen und finden daher auch nur begrenzte, kurzfristige Lösungen. Wenn man jedoch das gesamte Problem angehen will, dann ist auch die rechte Gehirnhälfte gefragt. Sie steuert Gefühle und Emotionen und hilft uns, die richtige Frage zu stellen, indem wir tief in die Welt des Nutzers oder Verbrauchers eintauchen.

»HACKS« DURCH DESIGN THINKING

Auf dem Rückflug von unserem SAP-Workshop hatten wir Gelegenheit darüber nachzudenken, was wir da eigentlich erfahren hatten. Am Ende unserer Überlegungen stand dann der ehrgeizige Plan, selbst eine D-School an der Communication University of China in Peking einzurichten. Ich bin immer noch der Meinung, dass Studenten der CUC, aber auch unser sich schnell entwickelndes Land in vielerlei Weise von der Idee des Design Thinking profitieren können.

Das Design-Thinking-Programm und seine Methoden mussten natürlich an die chinesische Mentalität und Kultur angepasst werden. Als wir zum Beispiel das Design-Thinking-Studio entwarfen, haben wir keine rechteckigen Tische so wie in Deutschland verwendet, sondern runde Stehtische selbst entworfen. In der chinesischen Kultur steht das Runde für die Zusammenkunft und einen glücklichen Ausgang.

Solche und ähnliche Voraussetzungen berücksichtigend, eröffneten wir die D-School an der CUC im Jahr 2012. Heute haben wir ungefähr 25 Lehrkräfte und pro Jahr um die 100 Studenten. Die Mehrheit unserer Studenten hat schon einen Abschluss. Auch gibt es einheimische und internationale Firmen, die an unseren Führungskräfte-Trainings teilnehmen. Von Anfang an haben wir Studenten verschiedener Fächer ermutigt, bei uns zu studieren. Seit 2013 ist unser Programm für alle Studenten der Universität zugänglich. Das bedeutet, dass wir Teilnehmer haben, die aus so unterschiedlichen Bereichen wie Informatik, Musik, Journalismus oder Management kommen.

Wenn ich unseren Studenten das Prinzip des Design Thinking vorstelle, dann gebe ich zunächst einen Überblick und beschreibe dann die drei elementaren Bestandteile: Teamwork mit Personen aus unterschiedlichen Fachbereichen in einem wohldurchdachten Prozess an einem passenden Ort. Ich habe die Erfahrung gemacht, dass es sehr wichtig ist, den ganzheitlichen Charakter zu kommunizieren, weil so ein höheres Maß an Achtsamkeit im Design Thinking erreicht wird.

» FÜR MICH IST DESIGN THINKING EIN HOCH INTEGRIERTES SYSTEM, EINE WIRKLICH SCHÖNE KREATIVE METHODE UND WISSENSCHAFTLICHES ARBEITEN IN PERFEKTION. «

Für mich ist Design Thinking ein hoch integriertes System, eine wirklich schöne kreative Methode und wissenschaftliches Arbeiten in Perfektion. Leute aus Disziplinen, die nicht unmittelbar mit Kunst zu tun haben, können sehr leicht die sechs Schritte erkennen, in denen mit den Methoden des Design Thinking echte Lösungen in einer spielerischen Atmosphäre gefunden werden. Studenten, die bislang noch nichts mit Design zu tun hatten, bekommen, sobald sie selbstständig etwas Neues geschaffen haben, zunehmend mehr Vertrauen in ihre eigene Kreativität.

Oftmals sind unsere Studenten nicht damit zufrieden, es bei Ideen und Prototypen zu belassen. Sie wollen aufs Ganze gehen und sie unter realen Bedingungen testen. Wir konnten beobachten, dass viele studentische Arbeitsgruppen nach der Abschlusspräsentation im Seminar mit ihren Projekten weitermachten oder dass Projektpartner Design Thinking weiterentwickeln und in ihren Organisationen einführen. Ganz allgemein schätzen Chinesen greifbare Ergebnisse, deren Wirkung messbar ist. Aus diesem Grund ermuntern wir unsere Studenten nach der Graduierung, ihre eigene Firma zu gründen. Wenn sie eine gute Idee haben, dann stellen wir ihnen Räume zur Verfügung und unterstützen sie nach Kräften.

Mittlerweile gibt es schon D-School-Absolventen, die aus Stanford oder dem HPI in Potsdam nach China zurückkehren, wo sie in verschiedenen Städten des Landes Design Thinking anwenden und so verbreiten. Jeden Tag bekommt die *D-Familie* Zulauf durch zahlreiche Institutionen wie Universitäten, Kindergärten, NGOs oder Industriebetriebe. Manche von ihnen haben bereits mehrjährige Erfahrung, etwa die CUC, andere befinden sich noch im Anfangsstadium.

Mich persönlich hat Design Thinking dazu angeregt, über die Zukunft unseres Bildungssystems und unserer Gesellschaft nachzudenken. Ich glaube, dass interdisziplinäre Teamarbeit nicht nur Kreativität freisetzt, sondern auch ein Miniaturmodell dafür ist, wie man ein Netzwerk schafft, bei dem es mehr um die Verbindung der Leute geht als um individuelle Macht. Diese hat mich dazu gebracht, mich von meinem eigenen Fachwissen wegzubewegen und zu versuchen, komplexe Probleme in anderen Wissensbereichen anzugehen, etwa bei einem NGO-Projekt oder im Managementbereich. Das wäre mir ohne Design Thinking nicht möglich gewesen.

Allen, die daran interessiert sind, Design Thinking in ihre eigene Arbeitswelt einzubringen, rate ich, an einem Workshop teilzunehmen. Denn nur wenn man einmal die besondere Atmosphäre dort erlebt hat, kann man erkennen, was Design Thinking bedeutet und was für ein Geschenk es bereithält.

ZUR ZUKUNFT DES DESIGN THINKING

Dass weltweit immer mehr Universitäten Unterricht in Design Thinking anbieten werden, davon bin ich felsenfest überzeugt. Das wird der jungen Generation helfen, Design Thinking als eine Art gemeinsame Sprache zwischen verschiedenen Menschen und Kulturen zu verwenden. Diesem Trend werden dann Betriebe und Organisationen folgen und Design Thinking zur Anwendung bringen.

Institutionen, die die gleichen Werte haben, werden vielleicht eine Design-Thinking-Allianz bilden, um sich durch Vernetzung noch weiter zu entwickeln. Auch wird es jährliche Konferenzen der Design Thinker geben und Forschungsergebnisse werden in einflussreichen Zeitschriften veröffentlicht. An Stelle von B-schools (Business school) werden D-Schools in der Ausbildung an Bedeutung zunehmen.

Carol Wong

Genovasi Malaysia

DESIGN THINKING IN KUALA LUMPUR

Meine allererste Aufgabe im Design Thinking hatte ich nach meinem Besuch der d.school an der Stanford University im März 2012 zu bestehen. Während unseres Aufenthalts hatten wir das dortige Verständnis und Programm von Design Thinking kennengelernt. Von den Ergebnissen waren wir fasziniert, besonders von dem gesellschaftlichen Einfluss, den das »Embrace«-Projekt mit sich trug. Aus dieser Erfahrung heraus empfahlen wir unseren Partnern, Design Thinking als ergänzendes Fach bei der Entwicklung einer innovationsfreudigen Umgebung in Malaysia aufzunehmen. Dadurch würden unsere Studenten einen strukturierten Innovationsansatz kennenlernen, während sie ihr Wissen aus ihren jeweiligen Fächern zur Anwendung bringen.

Zunächst baten wir das Hasso-Plattner-Institut (HPI), uns bei der Gründung einer d.school in Malaysia zu helfen. Mithilfe des HPI haben wir schließlich die Gründung bewerkstelligt. Die Genovasi d.school ist die erste Design-Thinking-Hochschule in Malaysia. Sie basiert auf einer Regierungsinitiative mit dem Ziel, ein Klima der Innovation im Land zu schaffen.

Während der frühen Gründungsphase von Genovasi im Mai 2012 wussten wir noch gar nicht genau, wie Design Thinking funktioniert und wir hatten keine Ahnung, welche schwierigen Aufgaben vor uns lagen. Unser Hauptziel war jedoch die Einrichtung einer d.school, die im Februar 2013 öffnen würde. Von Anfang an haben mein Team und ich die Teile des Design-Thinking-Trainingsprogramms an der

Genovasi d.school Probe laufen lassen und weiterentwickelt. Dabei haben wir nicht nur Verbesserungen an Inhalten und Methoden vorgenommen, sondern auch die Coach-Student-Interaktion verbessert.

Auch an der Kooperation mit Projektpartnern haben wir gearbeitet. Während der gemeinsamen Auswahl von Design-Challenges haben wir den Ansatz gewählt, selber einen Design-Zyklus zu diesen Aufgaben zu durchlaufen, um herauszufinden, ob sie eine geeignete Lernerfahrung für unsere Studenten darstellen.

» MAN WIRD DESIGN THINKING NICHT NUR ALS EINE METHODE ZUR SCHAFFUNG VON INNOVATIONEN BETRACHTEN, SONDERN ALS EINE GRUNDFÄHIGKEIT KÜNFTIGER TALENTE. «

Heute, nach mehr als einem Jahr des Lernens und Anwendens von Design Thinking in Genovasi, nach der Entwicklung und Umsetzung von Design-Thinking-Kursen, bin ich durch mein Team, die Studenten und ihre gemeinsame Design-Thinking-Exploration stark inspiriert.

Unsere Studenten haben ihre Erkenntnisse mittlerweile vom Unterricht in ihr Leben oder ihren Arbeitsplatz überführt. Bis heute haben wir bereits zehn studentische Design-Thinking-Initiativen auf den Weg gebracht (bekannt unter der Bezeichnung Innovation Ambassador Development Program). Darüber hinaus nutzen wir jede sich bietende Gelegenheit, unsere Programme zu verbessern.

Ich konnte zudem erfahren, dass die sichere Lernumgebung bei Design Thinking unseren Studenten erlaubt, sich zu öffnen, ihren Beitrag zu leisten ohne Angst davor, Fehler zu machen. Dieses Erkennen der Bedürfnisse unserer Studenten (die eigentlich unsere Nutzer sind) war wiederum Anlass für uns, unseren Design-Thinking-Unterricht fortlaufend zu verbessern. Studenten unterschiedlichster Herkunft und aus verschiedensten Organisationen (öffentlichen und privaten) hatten immer das Gefühl, neues Denken und Arbeiten ohne Angst vor Fehlern ausprobieren zu können.

Das Entscheidende aus meiner Sicht ist, dass Design Thinking, wenn man es einmal verinnerlicht hat, mehr Empathie schafft – sowohl anderen Menschen und der Umwelt gegenüber wie auch im Hinblick auf die eigene Weiterentwicklung: Man wird selbstloser, anpassungsfähiger, kooperativer, neugieriger, vorausschauender und mutiger. Die Fähigkeit zu Empathie ist bei diesem Denken ein ganz wichtiger Aspekt. Nur durch sie erlangt man tiefe Einsichten in die menschlichen Bedürfnisse und Werte, durch die man zu radikal neuen, die wirklichen Bedürfnisse einer Gesellschaft erfassenden Ideen kommen kann. In unserem Fall heißt das, die Bedürfnisse aller Beteiligten, also der Studenten, Projektpartner und Dozenten, besser verstehen zu lernen und so Genovasi d.school zu verbessern.

DIE WIRKUNG VON DESIGN THINKING PERSÖNLICH BETRACHTET

Design Thinking hat meine Art zu arbeiten auf jeden Fall verändert. Oft wende ich die verschiedenen Techniken an, die ich gelernt habe, auch außerhalb von Projekten und beruflichen Aufgaben. Zum Beispiel nutze ich jetzt häufiger Post-it-Zettel, um meine Gedanken oder Ideen festzuhalten und sie auf diese Weise ganz unterschiedlich anzuordnen. Darüber hinaus habe ich durch die verschiedenen Brainstorming-Techniken, die ich im Zusammenhang mit Design Thinking gelernt habe, nun mehr Wahlmöglichkeiten in der Phase der Ideenfindung.

Auch das schnelle Prototyping von Ideen ist eine großartige Arbeitsmethode. Besonders gefällt mir daran, dass ich Dinge ausprobieren und zügig wieder fallen lassen kann, wenn sie nicht funktionieren. Dadurch kommt man schneller voran.

Aus eigener Erfahrung weiß ich, dass Design Thinking am besten von intrinsisch motivierten Menschen aufgenommen wird. Schon ein zweitägiger Workshop kann einen in die Lage versetzen, Prinzipien des Design Thinking sowohl im persönlichen als auch im Arbeits- und Geschäftsbereich anzuwenden. Sie sind nicht auf Produktentwicklung oder Dienstleistung beschränkt, vielmehr lassen sich die Methoden und Techniken auch im Alltag nutzen. Dabei geht es darum, zu erkennen, wie Methoden und Instrumente situationsgerecht eingesetzt werden.

ZUR ZUKUNFT VON DESIGN THINKING

Aus meiner Sicht wird Design Thinking auch zukünftige Generationen immer wieder neu beeindrucken, weil es hilft, starke Ideen zu entwickeln, die mit der eigenen Leidenschaft zu tun haben. Wenn man davon ausgeht, dass Menschen der Generation Y oder der Net-Generation sachkundiger sind, weil sie mehr Zugang zu Information oder Wissen durch das Internet haben, muss man auch davon ausgehen, dass ihre Ansprüche an die Karriere höher sind. Sie erwarten, dass man ihnen ermöglicht, Ideen in ihren Organisationen zu entwickeln und umzusetzen.

Deshalb wird es darauf ankommen, dass Firmen Design-Thinking-Werte entwickeln, um auch zukünftig junge Talente anzuziehen und zu binden. Deshalb sehe ich, dass sich Design Thinking zukünftig noch stark verbreiten wird. Es wird zu den Kernkompetenzen in führenden innovativen Firmen gehören. Man wird Design Thinking nicht nur als eine Methode zur Schaffung von Innovationen betrachten, sondern als eine Grundfähigkeit künftiger Talente. Von technischen oder akademischen Qualifikationen abgesehen werden Design-Thinking-Fähigkeiten – komplexe Probleme lösen, Empathie, Feldstudien, Brainstorming, Prototyping, Präsentation von Ideen – zu Kernkompetenzen zählen, die einem individuellen Profil mehr Substanz verleihen. Die Methoden lassen sich auf Verhalten und auf Werte herunterbrechen, die dann bei der Kompetenzentwicklung eine wesentliche Rolle spielen.

Véronique Hillen
Paris Est d.school

DESIGN THINKING IN PARIS

EINE KULTUR DER ERKUNDUNG IN DEN KATEGORIEN MENSCH, RAUM, PROZESS

Design Thinking ist für mich eine Kultur der Erkundung, die uns an der Paris Est d.school dabei hilft, die richtigen Bedingungen für interdisziplinäre Kreativ-Teams zu inszenieren. Es ist nicht nur ein bestimmter Geist, sondern eine unerschöpfliche Quelle der Inspiration, wenn es darum geht, die besten Bedingungen zu schaffen, um herauszufinden, wie die Dinge sind und was sie sind. An Design Thinking fasziniert mich, dass es überall auf der Welt von Leuten interpretiert und an ihre Bedürfnisse angepasst wird. An der Paris Est d.school haben wir dafür einen Rahmen entwickelt, mit dem wir diese Bedingungen spezifizieren können: Wie inszeniert man Menschen? Wie inszeniert man den Raum? Wie inszeniert man einen Prozess? Wir haben das den PPP-Rahmen genannt (People / Place / Process).

Lassen Sie mich erklären, warum wir Design Thinking als eine Kultur des Erkundens definieren. Erstens heißt das für mich, dass man Design Thinking erleben muss, um es zu verstehen. Zweitens: Wir machen die Kultur des Design Thinking anhand der drei Kategorien Mensch, Raum, Prozess erfahrbar. Drittens braucht es Zeit, Design Thinking zu erleben und zu verstehen, was es für einen selbst bedeutet.

Ich definiere Design Thinking als einen Weg, durch den ich sichere Bedingungen für eine vielversprechende Erkundungsreise schaffen kann. Zum einen: Wenn ich Sie bitten würde, Ihre eigene Kultur zu *definieren*, hätten Sie sicherlich Schwierigkeiten, das in ein paar Sätzen zu tun. Wenn ich Sie hingegen darum bitten würde, mich Ihre Kultur entdecken zu lassen, dann würden Sie mich mit in ein Restaurant nehmen, um das Essen zu probieren, oder führten mich in ein Museum mit Bildern und Kunstgegenständen oder durch Straßen, um die Architektur zu bewundern. Es ist schwer, eine Kultur zu definieren, aber leicht, sie mithilfe von Architektur, Nahrung, Stadtleben, Literatur, Musik etc. zu erkunden.

Zweitens gefällt es mir, Design Thinking als Erkundungsweg zu beschreiben, und zwar nach den drei Merkmalen, die man leicht operationalisieren kann: der Mensch, der Raum, der Prozess. Daher versetzen wir Professoren oder Industriepartner in die Lage, ihre eigene Design-Thinking-Kultur innerhalb des PPP-Rahmens zu entwickeln. Dazu gehört auch die Anpassung an ihre eigenen Bedürfnisse (etwa die Art der gewünschten Ergebnisse, der Beteiligten, der Ressourcen, des Zeitrahmens …). Sie finden die in diesem Zusammenhang kritischen Punkte in dem gerade erschienenen Buch: *101 Milestones I've discovered to innovate thanks to Design Thinking*[1]. Der Wert des Design Thinking steht und fällt mit der Interpretation und Anpassung des Konzepts an die eigenen Bedürfnisse, die eigene Kultur und die eigenen Ressourcen.

Drittens mag ich den bildhaften Vergleich zwischen einem eiligen und einem neugierigen Touristen, der eine andere Kultur entdecken will. Der eilige tut dies, indem er gerade mal ein Wochenende in einem Land verbringt, der neugierige verbringt vielleicht Monate oder sogar Jahre vor Ort. Wenn Sie als Tourist unterwegs und vielleicht sehr offen sind, dann erfassen Sie gewisse Teile einer Kultur in ein paar Tagen. Aber wenn Sie näher dran sind, dann sind Sie schnell mit Ihrem Urteil und finden eine Menge Ungereimtheiten und Tücken, und oftmals finden Sie fremde Ideen gar nicht so gut und entdecken wenig Inspirierendes. Manche Menschen können Jahre in einem Land leben und die Kultur dort nicht mögen und nicht sehr offen sein für die Dinge dort. Hätten sie die genau entgegengesetzte Einstellung, würden sie sich vielleicht bei jeder Gelegenheit fragen: »Was könnte ich damit anfangen?« Man geht in eine fremde Stadt, erkundet sie, mag sie oder mag sie nicht, und wenn man zurückkommt, ist man voller Erinnerungen und Dinge, die einen verändern können, weil man bei seinen Streifzügen Neues entdeckt hat, das einem einleuchtet. In ähnlicher Weise braucht es Zeit, sich von der Kultur des Design Thinking einnehmen zu lassen.

In dieser Weise pflege ich Freunden und selbst größeren Zuhörerschaften das Design Thinking zu erklären. Dies deshalb, weil es mir zu analytisch vorkommt, es ausschließlich als Methode zu beschreiben oder als Prozess. Nachdem ich es als Kultur der Erkundung beschrieben habe, nehme ich mir immer ein besonderes Beispiel. Immerhin haben wir 80 Projekte gemacht, und die besten Beispiele sind immer die, auf die sich meine Zuhörer beziehen können.

DESIGN-THINKING-BILDUNG VORANBRINGEN

Mein wichtigster Ratschlag an Lehrende, die sich für Design-Thinking-Pädagogik entscheiden, ist, lieber klein anzufangen als gar nicht. Was Steve Bishop von IDEO für das Feld der Nachhaltigkeit formuliert hat, tue ich für das Design Thinking. Fangen Sie mit einem Workshop an, machen Sie dann mit einem Kurskonzept weiter, dann mit einem Programm und schließlich mit etwas Ehrgeizigem wie der Gründung einer d.school!

Darüber hinaus sollten Sie sich klarmachen, welche Design-Thinking-Erfahrung Sie vermitteln wollen. Davon ausgehend können Sie einen Lehrplan entwerfen oder Sie re-designen beispielsweise Ihren Raum neu. Eine sinnvolle Design-Thinking-Erfahrung schaffen Sie, indem Sie sie neu interpretieren oder an Ihr Umfeld, Ihre Umgebung, die Studenten oder Angestellten, die Aufgabenstellung oder den Organisationstyp anpassen. Zum Beispiel hat es uns viel Arbeit bereitet,

Design Thinking im französischen Kontext neu zu erfinden. Nachdem ich wieder aus Stanford zurück war, wo ich ein halbes Jahr verbracht hatte, und das erste Semester Design Thinking unterrichtete, bekam ich eine Menge Fragen und Zweifel von Studenten und Kollegen als Rückmeldung. Deshalb musste ich einen neuen Ton finden, der zu meiner Umgebung passte.

Man muss sich darüber im Klaren sein, dass Design Thinking kulturspezifisch ist, dass es unterschiedliche Erfahrungen gibt, es zu vermitteln und zu lehren. In allen Projektphasen, ob für den Design Brief oder der Team-Aufstellung oder beim Industriepartner, denke ich intensiv darüber nach, ob die Bedingungen stimmen. Und natürlich bin ich von der Kultur des Design Thinking inspiriert. Ich suche immer eine klare Darstellung der Bedürfnisse, entweder auf der Seite der Teilnehmer oder des Aufgabenstellers. Viel Sorgfalt muss darauf verwandt werden, den Prozess zu gestalten, nicht als Ganzes, sondern eher die Einzelaktivitäten, auf die Art, das Projekt zu inszenieren und wie man es durchführt. Hier muss noch einiges weiterentwickelt werden. Die Art und Weise, wie man es angeht, macht den Unterschied. Design Thinking richtig angewandt ist eine Kunst.

Zum Beispiel sind die Franzosen im Allgemeinen etwas zurückhaltend, wenn es darum geht, Dinge für sich zu übernehmen, besonders wenn sie aus »Amerika« kommen. So wird Design Thinking oft als faszinierend und gleichzeitig als entmutigend erfahren. Das hat vielleicht etwas mit einer unterschiedlichen Perspektive auf Erkenntnistheorie zu tun. Die Franzosen analysieren gerne. Und wir erwarten von unseren Studenten beim Design Thinking, mit dem Tun zu beginnen. Da gibt es eine ganz starke Veränderung der Bezüge und Werte. Und die Franzosen sind dazu solange nicht bereit, bis sie gänzlich überzeugt sind, dass es etwas bringen wird. Deshalb muss man sehr viel genauer das »Was«, »Warum« und »Wie« erklären. Im Vergleich dazu ist Stanford ganz anders. Dort kann man eine Sache, um die es geht, ein, zwei Minuten lang beschreiben, und die Studenten fangen sofort an. In Frankreich wollen die Leute erst etwas verstehen, bevor sie loslegen. Es ist schwer, sie von etwas zu überzeugen, auch sind sie oft skeptisch. Deshalb ist der Anfang hier viel schwerer, zumal man auch die Begriffe in ihren verschiedenen Bedeutungen, Werten und Bezügen im Auge behalten muss. In Bewegung zu kommen kann also schwieriger sein. In Bewegung zu bleiben mit schnell entwickelten Prototypen und Nutzertests kann auch zur Herausforderung werden! Die Prototypen sind oft schnell, in geringer Auflösung gebaut, und die Franzosen mögen es nicht, solche rätselhaft anmutenden Dinge anderen Leuten zu zeigen. Die Empfindlichkeiten und Werte sind nicht die gleichen, und wir müssen sehr aufpassen, unsere eigene Kultur nicht zu verdrängen. Es ist, wie es ist, und es bedarf der richtigen Worte, des richtigen Handelns, auch des richtigen Briefings. Viel Nachdenken unsererseits ist nötig, damit alles unter den besten Bedingungen läuft. Ich glaube, es funktioniert nicht, einen fremden Lehrplan einfach zu übernehmen oder genau die gleichen Methoden zu benutzen und sie genau so zu erklären, wie sie beispielsweise in Stanford erklärt werden.

Und selbst noch mit diesem Wissen und der Erfahrung im Hintergrund kann es vorkommen, dass ein Workshop schiefgeht. Man kann im Vorfeld nicht wissen, ob es gelingt, die Leute einzubinden. Aber wenn es dann klappt, alle mit an Bord zu nehmen, dann zeigt unsere französische Kultur doch eine interessante Stärke, und die Leute können sehr ehrgeizig und engagiert sein. Ab einem bestimmten Punkt wird es dann nämlich eine Frage der Ehre. Wenn die Leute das Gefühl haben, dass sie wirklich etwas bewegen können, dann hängen sie sich sehr rein.

Also der Beginn kann sich schwierig gestalten, aber wenn sie erst einmal Tritt gefasst haben, dann bleiben sie dran. Ambition kann in einer Kultur sehr viel ausmachen. Jede Kultur hat, wenn ich das so sagen darf, ihre Stärken und Schwächen. Deshalb ist die Lehre eine Kunst. Es ist die Kunst des Anbietens in einer Organisation: die richtigen Worte und die richtige Abfolge von Aktivitäten zu finden und die Leute so durch Handlungen zu motivieren, dass sich der Erfolg einstellt.

» MAN MUSS SICH DARÜBER IM KLAREN SEIN, DASS DESIGN THINKING KULTURSPEZIFISCH IST, DASS ES UNTERSCHIEDLICHE ERFAHRUNGEN GIBT, ES ZU VERMITTELN UND ZU LEHREN. «

Es war erleichternd, in Stanford festzustellen, dass ich nicht die einzige war, die in eine bestimmte Richtung gehen wollte, weg von der Vermittlung analytischer hin zu intuitiven Fähigkeiten durch die Kunst der Bedürfnisklärung und der Praxis. In Frankreich sind die großen Universitäten so wie anderenorts auch von einer Erkenntnistheorie des Positivismus getrieben. Das ist die Wissenschaft des Wissens von der natürlichen Umgebung, die Wissenschaft der Wahrheit. Wenn man jedoch anfängt, Innovation durch Praxis, Abduktion und emotionale Intelligenz mit Bedürfnisfindung zu vermitteln, dann ist das etwas ganz anderes. Man kann nicht Innovation lehren, indem man nur Wissen über den Studenten ausschüttet und sie nachher in Examen einige der gewonnenen Erkenntnisse überprüfen lässt. Wenn man Innovation lehrt, die den Menschen als Ausgangspunkt nimmt, muss man in Frankreich ein neues Bildungssystem errichten, eines, das auf Konstruktivismus und Pragmatismus basiert. Das bedeutet, dass das von den Studenten erworbene Wissen durch ihre eigenen Erfahrungen, ihre eigenen Experimente, ihre eigene Felderfahrung zustande kommt und sich nach ihrem Erkenntnisinteresse und dem Verständnis derer richtet, für die sie Innovationen schaffen wollen, und nicht aus Büchern gewonnen wird. Ich mag die Beschreibung von David Kelley und Tom Kelley in ihrem neuen Buch *Creative Confidence*, und besonders ihre Definition, wenn sie sagen: Kreativität heißt nicht, ein gegebenes Problem nur im Sinne der Quantität und

Flexibilität anzugehen. Es bedeutet, das zu finden, was den Leuten, für die wir Veränderung wollen, etwas bedeutet, und dieses dann in die Realität umzusetzen. Das Selbstvertrauen stellt sich dann ein, wenn es gelingt, das zu finden, was wirklich Relevanz hat, und dieses dann Wirklichkeit werden zu lassen.

Die beiden Projekte mit dem größten Einfluss auf mich waren erstens die Gründung der Paris Est d.school und zweitens der Entwurf eines seniorengerechten Bads. Letzteres war ein ME310-Projekt[2], das in Zusammenarbeit mit dem Hasso-Plattner-Institut und mit Lapeyre, einer Tochter der größten und ältesten französischen Firma Saint Gobain, durchgeführt wurde. Von den gewonnenen Erkenntnissen durch ethnografische Forschung, Ideen, getestete Prototypen und dem Ergebnis bin ich immer noch fasziniert: zwei industriell gefertigte Prototypen, Planung der Serienproduktion, eine starke Medienaufmerksamkeit in Frankreich sowie der Verkauf in den Geschäften ab 2015. Ich bin nicht nur von den Ergebnissen beeindruckt, sondern auch von der unglaublich guten Zusammenarbeit mit unserem Kooperationspartner Jean-Philippe Arnoux, Marketingleiter von Lapeyre. Es ist das erste Mal, dass ein Kooperationspartner sich dafür entscheidet, etwas, das wir entwickelt haben, herzustellen und zu vertreiben. Das ist ein großes Abenteuer: Den ganzen Weg haben wir zusammen durchlebt, und wir sind immer noch davon angetan, wie fruchtbar die Zusammenarbeit zwischen einer Firma und der Universtität sein kann, und wie fruchtbar die zwischen zwei studentischen Teams und den Lehrern, das sind das HPI und die Paris d.school. Die ganze Dynamik, die Energie, das Abenteuer, das war einfach großartig. Manchmal macht man tolle Erfahrungen, doch es gibt keine besonders interessanten Ergebnisse, aber diesmal übertrifft das Ergebnis unsere Erwartungen, weil ab Januar 2015 eine brandneue seniorengerechte Bädereinrichtung in allen Lapeyre-Geschäften erhältlich sein wird. Das menschliche Abenteuer und das Ergebnis sind gleichermaßen beeindruckend.

Design Thinking hat mir persönlich geholfen, die Welt zu erkunden, der ich angehöre, zu systematisieren, was ich sonst intuitiv mache, mein Handeln professioneller zu gestalten, kurz, mich zur reflektierten Praktikerin werden lassen. Es hat mir auch akademisch geholfen, weil ich damit eine Transdisziplinarität verbreiten kann, mit der sich multidisziplinäre Teams effizient leiten lassen. Diese stammt ursprünglich aus dem Silicon Valley, vor allem aus Stanford, und wird gegenwärtig von vielen Akademikern auf der ganzen Welt weiterentwickelt. Ich habe den Eindruck, dass es da noch mehr Entwicklung geben kann, das gilt auch für die Bekanntheit.

ZUR ZUKUNFT DES DESIGN THINKING

Ich habe nicht nur Hoffnungen und Träume, sondern auch Überzeugungen und Grundsätze.

Ich hoffe, dass Design Thinking als Transdisziplin Anerkennung findet. Diese könnte durch einen Kompetenzrahmen erzielt werden oder durch die Anpassung von Lehrplänen, vom Kindergarten bis zum PhD-Level. Auch hoffe ich, dass in zehn Jahren die Transdisziplinarität von einem internationalen Kompetenznetz profitieren wird und dass andererseits Design Thinking neu erfunden und für den eigenen Kontext angepasst wird, vor allem für die Implementation und die Nutzung. Ich wünsche mir ein internationales Kompetenznetz (das es ja auch in anderen Fächern gibt, etwa Mathematik oder BWL) sowie lokal und kulturell angepasste Praktiken (je nach den gewünschten Ergebnissen, den verschiedenen Studenten, Unternehmenszielen …). Ich hoffe, dass in zehn Jahren die Gemeinschaft der Design Thinker gewachsen sein und Design Thinking sich so entwickelt haben wird, wie es ihren Erwartungen entspricht. Ich bin mir sicher, dass Design Thinking noch viele weitere Aufgabenfelder abdecken wird.

Meine eigene Erfahrung bestätigt das nur. Angefangen haben wir mit dem Neuentwurf von Objekten, dann haben wir Dienstleistungen neu konzipiert und nun Erfahrungsdesign. Eine der Aufgaben der nächsten Jahre wird sein, wie wir uns anpassen, wie und in welchem Ausmaß Design Thinking ausgebaut werden kann, um Großprojekte neu zu entwickeln oder mit Nachhaltigkeit umzugehen. Die Hochschule, an der ich ursprünglich war, ist die École des Ponts ParisTech (ENPC), und die ENPC ist weltbekannt für ihr Bauingenieurswesen und für nachhaltige Stadtentwicklung. Wie es uns gelingen wird, Design Thinking so zu gestalten, dass wir damit neue Aufgaben, etwa in Fragen der Nachhaltigkeit lösen können, ist eine große Aufgabe, die vor uns liegt, und das gilt sicherlich auf für andere Kulturen. Um wirklich große Aufgaben zu bewältigen, müssen wir nicht nur verschiedene Expertisen bündeln oder die Transdisziplinarität des Design Thinking weiterentwickeln, sondern auch unsere eigene Transdisziplinarität weiter vorantreiben (vor allem was Abläufe und Methoden angeht), wenn diese sich in verschiedenen Gebieten bewähren soll. Ich bin der Ansicht, dass die Zukunft des Design Thinking davon abhängt, ob uns das gelingt. Das ist auch der Grund, warum sich die Paris Est d.school auf bestimmte Exzellenzfelder spezialisiert: Wirtschaft in der alternden Gesellschaft (silver economy), Inklusives Design, Soziales Unternehmertum und Partizipatives Design für nachhaltige Stadtentwicklung.

1 Frei zum Download unter www.d.school.fr

2 ME310 Design Innovation ist ein Programm, das vom Bereich Maschinenbau an der Universität Stanford durchgeführt wird. An dem Programm sind über 15 Universitäten weltweit über ein Netzwerk namens SUGAR beteiligt. Nähere Informationen unter: me310.edu und sugar.edu

III. DESIGN THINKING IN DER INDUSTRIE

Das Tele-Board im Einsatz bei SAP

Der Professional Track am Hasso Plattner Institut

Creation Center der Telekom Innovation Laboratories

Claudia Kotchka

Procter & Gamble

EINE NEUE REZEPTUR: DESIGN THINKING UND ARIEL

Unser allererstes Design-Thinking-Projekt haben wir zusammen mit IDEO für unsere Reinigungssparte gemacht. Der große Schock und zugleich das große »Aha-Erlebnis« für mich war damals das Prototyping, genauer der grobe Prototyp. Nie zuvor hätten wir etwas an Verbraucher weitergegeben, das aus Papptellern, Pappe oder Industrieklebeband bestand. Aber als wir es taten, wurde mir klar, dass es bei der Anfertigung von Prototypen eher darum geht, Feedback und Input zu bekommen, und nicht so sehr darum, genau abzustecken, was wir fertigen wollten. Prototypen können zu herrlichen weitreichenden Lernerfahrungen führen. Zum damaligen Zeitpunkt war das für mich die wichtigste Erkenntnis.

Um zu zeigen, zu welchen Erfahrungen Design Thinking führen kann, greife ich gerne auf Beispiele zurück. Eines davon ist das sehr eingängige Tide- beziehungsweise Ariel-Beispiel, in dem wir das Waschverhalten der Generation Y beobachteten. Wir fanden heraus, dass sie übers Wäschewaschen anders denken als unsere typischen Konsumenten. Für sie steht nicht die Fleckenentfernung im Vordergrund. Sie wollen ihre Wäsche pflegen, besonders ihre Jeans. Dies hat dann zur neuen Rezeptur von Tide beziehungsweise Ariel geführt, die die Kleidung pflegt. Auch der Ansatz, Nichtkonsumenten zu beobachten und zu interviewen, war etwas, das wir nie zuvor getan hatten.

Ein weiteres Design-Thinking-Projekt, das ich sehr aufschlussreich fand, war ein internes Projekt mit Procter & Gamble-Mitarbeitern als Teilnehmern. In dem Projekt sollte es darum gehen zu verstehen, wie einzelne Geschäftsbereiche besser miteinander arbeiten und mehr Synergien schaffen könnten. Das Ergebnis war, dass wir die wirklichen Problempunkte identifizieren und Wege zu ihrer Lösung finden konnten.

Design Thinking ist ein anderer Weg, Probleme zu lösen. Und zwar in zweierlei Hinsicht: Der erste hat damit zu tun, dass Designer sich mit einer ganz bestimmten Haltung Projekten annähern. Sie stellen die Aufgabe infrage, fassen das Problem neu und suchen nach Lösungen ohne Kompromisse. Außerdem wählen sie ein anderes Verfahren, Probleme zu lösen. Während man in traditionellen Prozessen erst einmal mit der Analyse beginnt, fängt Design Thinking mit Empathie gegenüber dem Nutzer an. Unternehmen, die von diesem Ansatz ausgehen, nutzen eine Reihe ungewöhnlicher Methoden, um Beobachtungen durchzuführen und zu strukturieren. Dann fertigen sie ungefähre Prototypen an, um mehr Input und Informationen von den Nutzern zu erhalten.

» DESIGN THINKING GEHÖRT ZU DEN ERFAHRUNGEN, DIE TIEF INS EIGENE LEBEN EINDRINGEN. «

Design Thinking gehört zu den Erfahrungen, die tief ins eigene Leben eindringen. Mittlerweile erkenne ich überall Design-Aufgaben und Anregungen.

Ich kann mir die Anwendung von Design Thinking für alle möglichen Problemstellungen vorstellen, nicht nur im Produktbereich. So kann es für ein Unternehmen im Ganzen sinnvoll sein, für alle Sparten – nicht nur die Produktentwicklung.

Ein anderer wichtiger Aspekt ist die Verschiedenartigkeit innerhalb der Teams. Man braucht Menschen, die verschieden denken. Wenn Leute Annahmen und die herkömmliche Art, Dinge zu sehen, infrage stellen, dann ist es sehr viel wahrscheinlicher, dass es zu durchschlagenden Ideen kommt. Denken, das in verschiedene Richtungen geht, erleichtert diesen Prozess.

Es gibt viele Wege, Design Thinking anzuwenden. Der allerwichtigste jedoch ist der, Dinge auszuprobieren. Man muss die Erfahrung machen. Immer wenn Leute ganz scharf darauf sind, mehr von Design Thinking zu erfahren, dann sage ich ihnen, dass sie an Workshops teilnehmen sollen, wie sie in Stanford angeboten werden. Auch gibt es gute Bücher zur Einführung wie etwa *Creative Confidence* von David und Tom Kelley oder *Change by Design* von Tim Brown oder *The Design of Business* von Roger Martin und *The Art of Innovation* von Tom Kelley.

ZUR ZUKUNFT DES DESIGN THINKING

Was ich mir wünschen würde, ist, dass Design Thinking für die Menschen zur selbstverständlichen Art wird, ihre Probleme zu lösen. Auch wenn es nicht die Antwort auf alle Fragen ist, sollte es doch jeder in seinem Repertoire haben. Deswegen hoffe ich, dass es bald überall gelehrt wird, auch in Grundschulen oder High Schools.

Matthias Schmitt
SAP

DEN GESUNDEN MENSCHVERSTAND LEHRBAR MACHEN

Meine erste Design-Challenge beim Design-Thinking-Training in Potsdam bestand darin, den optimalen Geldbeutel zu entwerfen. Dabei haben wir festgestellt, dass es bereits bei so »trivialen« und aus dem Alltag gegriffenen Themen durchaus Innovationsbedarf aufgrund divergierender Kundenbedürfnisse und -erwartungen gibt. So habe ich Design Thinking lieben gelernt, da es für mich die Kernthemen *Kundenorientierung* und *Effektivitätssteigerung bei der Kollaboration in Teams* provoziert. Die dahinterliegende Methodologie macht diese Themen lehrbar und damit skalierbar.

Im Bereich Kundenbeziehungsprozesse bin ich bereits seit vielen Jahren in der Beratung unterwegs – und habe nach meinem Wechsel im Juli 2011 in die SAP Entwicklung festgestellt, wie weit die Kollegen dort von den Kunden und deren Anforderungen entfernt sind. Daher konnte ich den Sinn und Zweck der Design-Thinking-Initiative bei SAP unmittelbar verstehen und in meinen Bereichen aktiv unterstützen.

Während des Workshops in Potsdam habe ich angefangen, am Rollout-Plan in meinem neuen globalen Bereich mit Standorten in China, Indien, Deutschland und Italien zu arbeiten. Unsere größte Herausforderung ist, dass wir nahezu ausnahmslos in verteilten Teams an Projekten zusammenarbeiten. In diesem Zusammenhang war auch die Vorstellung des Teleboard[1] eine wichtige Inspirationsquelle für meinen Bereich. Dieses System eignet sich sehr gut für die Zusammenarbeit von global verteilten Teams, da wir zur selben Zeit am Whiteboard arbeiten und Post-its mit Texten oder Bildern erstellen, die in Echtzeit an alle Standorte übertragen werden. Dadurch hören wir nicht nur die Beiträge der Kollegen, sondern sehen sie auch unmittelbar, was das gemeinsame Verständnis beschleunigt und verbessert und natürlich auch die Weiterverarbeitung der anderen Beiträge ermöglicht. Wir bewegen uns nun viel freier, da wir uns das Gefühl von räumlicher und zeitlicher Nähe sehr realistisch nachbauen, und wir sind nicht mehr so fest an Telefonkonferenzen gebunden, die eine hohe Konzentration und Disziplin erfordern, wenn bei den Meetings etwas herauskommen soll.

Die erste Design-Challenge, die ich meinem verteilten Team mitgegeben habe, war es dementsprechend, ein globales Zusammenarbeitsmodell über unsere Standorte hinweg zu entwickeln. Bemerkenswert dabei ist, wie schnell die Kollegen Spaß an der gemeinsamen Entwicklung von Lösungen fanden. Jetzt »üben« wir regelmäßig Design Thinking mit Teilnehmern aus den verschiedenen Standorten und Zeitzonen. Eines dieser Projekte nannten wir dann auch *Explore Design Thinking*. Dort ermittelten wir, wie wir noch effektiver zusammenarbeiten und Innovationen entwickeln können, die auf den Vorteilen aufbauen, mit unseren verteilten Teams in mehreren Märkten direkt präsent zu sein.

KUNDENORIENTIERUNG MIT VIELEN VORTEILEN

In einer weiteren Design-Challenge wollten wir Möglichkeiten entwickeln, unsere Software zur einfacheren und schnelleren Implementierung bei Kunden auszuliefern. Ein gemischtes Team aus verschiedenen SAP-Abteilungen hat sich damit auf den Weg gemacht und entlang unserer Kundenkette über den Vertrieb, die Beratung bis hin zu Endanwendern Feedback zum Status quo und zu den eigentlichen Anforderungen eingeholt.

Außerdem hat das Team einen Hersteller von Fertighäusern besucht und festgestellt, dass mit der Ausgangssituation von Musterhäusern, die dann einige Kundenanpassungen erhalten, ein Eigenheim sehr schnell zur Realität werden kann. Diese Analogie haben wir auf unsere Software-Lösungen übertragen und ermöglichen nun einen schnelleren Start für unsere Kunden, indem wir viel mehr als nur die Software liefern. Die Lösung kann ein Kunde aus verschiedenen, mit Industrie-Best-Practices vorkonfigurierten Modulen in einer Cloud-Umgebung zur unmittelbaren Nutzung auswählen und muss dabei nur noch geringfügige Anpassungen für den Start im Betrieb vornehmen. So hat der Kunde schnell eine Verbesserung seiner Geschäftsprozesse und kann diese trotzdem iterativ ausbauen und verbessern.

» MIT DESIGN THINKING WIRD GESUNDER MENSCHENVERSTAND FÜR DAS LÖSEN VON AUFGABEN LEHRBAR UND DAMIT SKALIERBAR. «

Neben der höheren Kundenorientierung war mir bei der Einführung von Design-Thinking-Methoden besonders auch die Effektivitätssteigerung in der Zusammenarbeit innerhalb der Teams wichtig. Dieser Effekt hat sich bereits an verschiedenen Stellen bemerkbar gemacht. Meine Mitarbeiter können kreativer und noch selbstständiger arbeiten und freuen sich über die Möglichkeit, noch mehr über die Zielgruppe unserer Produkte zu erfahren. Zusammen mit dem regelmäßigen und zeitnahen Feedback führt das zu signifikant höherer Motivation. Vorher war der Trend bei uns eher, dass Entwickler durch Arbeitsteilungen und organisatorische Maßnahmen immer weniger mit den Kunden zu tun hatten und von unseren Feldkollegen die Kundenbedürfnisse für die Entwicklung definiert wurden.

Design Thinking als Arbeitskultur motiviert dazu, unter Beteiligung von Personen aus verschiedenen Disziplinen und regelmäßiger Einbindung des Nutzers eingefahrene Wege zu verlassen. Damit eröffnen sich Möglichkeiten, wirklich neue Ideen zu generieren und agil weiterzuentwickeln, indem Prototypen der Lösung Vertretern aus der Zielgruppe immer wieder für ein Feedback vorgelegt werden.

Produkte und Services, die so entstehen, können meistens auch umgehend verkauft und genutzt werden, da durch die Co-Innovation der Nutzen offensichtlich ist. Daher reduzieren sich auch Marketingaufwände, da es meist bereits erste Pilotkunden gibt. Wichtig für mich war dabei die Erkenntnis, dass der Gesamtprozess der Ideenfindung, des Designs und der Produktentwicklung nicht länger dauert als bei konventionellem Vorgehen. Außerdem erzwingt die Einführung von Design Thinking keine organisatorischen Veränderungen, da es per se diversifizierte Teams für die Lösung einer Design-Challenge in einem Projekt zusammenbringt und danach wieder auflöst. Damit kann auch dem Schnittstellen-Dilemma in Matrixorganisationen begegnet werden, das dort üblicherweise durch viele Schnittstellen zwischen den Bereichen und überlappende Funktionen und Verantwortlichkeiten verursacht wird.

DIE BEDEUTUNG VON VORBILDERN

Wie bei jedem Change-Management-Projekt ist jedoch auch bei der Einführung von Design Thinking in einem Unternehmen die volle Unterstützung und das Vorleben durch das Senior Management erfolgskritisch. Außerdem macht es sehr viel Sinn, dass entsprechend ausgebildete Berater den Rollout im Unternehmen anfangs begleiten. In diesem Zusammenhang müssen eigene Evangelisten ausgebildet und entsprechende flexible und inspirierende Räumlichkeiten aufgebaut werden. Die Einführung nur an einige Mitarbeiter zu delegieren und sie alleine machen zu lassen, bedeutet, entweder einen langwierigen Prozess hinnehmen zu müssen oder einen, der ganz zum Scheitern verurteilt ist.

Zurzeit ist unsere Design-Thinking-Ausrichtung immer noch sehr prozessgetrieben. Das bedeutet, dass die Kollegen nach wie vor bewusst in den Design-Thinking-Modus wechseln oder gar ein Projekt als Zusatz zum eigentlichen Projekt oder Thema starten. Im nächsten Schritt wollen wir erreichen, dass Design Thinking kein separater Prozess mehr ist, sondern die Einzelelemente voll integriert in unseren Alltagsprozessen gelebt werden. Dann werden wir auch nicht mehr von Design Thinking sprechen. Ich beschreibe Design Thinking heute schon gerne als Methode, die den »gesunden Menschenverstand lehrbar macht«.

ZUR ZUKUNFT DES DESIGN THINKING

In 20 Jahren werden wir längst nicht mehr über Design Thinking reden. Bereits heute rücken die Menschen immer näher zusammen und teilen über soziale Netzwerke ihr Leben und ihre Bedürfnisse miteinander. Das Zusammenstellen des richtigen Teams mit den passenden Mitgliedern von überall auf der Welt wird über diese Netzwerke automatisch funktionieren. Die Zusammenarbeit dieser weltweit verteilten Teams wird der Erfahrung von physischen Treffen zur selben Zeit im selben Raum immer näher kommen, so dass die Lösungserarbeitung nach Prinzipen des Design Thinking der Standard sein wird. Das Wunderbare daran ist, dass dann die globale Community auch die jeweils lokalen Bedürfnisse sehr effizient lösen wird. Dann werden Team-Mitglieder in Amerika, Europa und Asien zur gleichen Zeit an Ideen für innovative Produkte und Dienstleistungen arbeiten und diese auch gleich für die jeweils lokalen Bedürfnisse konfigurieren. Dazu fehlt bisher nur noch, dass Menschen und ihr Umfeld beliebig weltweit in andere Projekträume projiziert werden können (die Standort-Challenge) und die Ideenentwicklung auch asynchron ermöglicht wird (die Zeitzonen-Challenge).

Das wird noch eine spannende Zeit und ich bin mir sicher, dass wir auf entsprechende Ergebnisse keine 20 Jahre mehr warten müssen.

1 Das HPI Tele-Board ist ein cloudbasiertes Software-Whiteboard für Echtzeit-Kollaboration in verteilten Teams.

Jochen Gürtler

SAP

WENN LERNEN SPASS MACHT!

Design Thinking ist für mich zuallererst eine Arbeitskultur, in der das Tun immer über dem Reden steht. In der wirklich als Team gearbeitet wird und Menschen dadurch miteinander in Kontakt kommen. Design Thinking öffnet den Raum für neue Perspektiven und oft überraschende Antworten, bietet eine Spielwiese, auf der man alles, gerne auch im wahrsten Sinne des Wortes, auf den Kopf stellen kann – sich selbst und das bisherige Arbeiten. Design Thinking schärft den Blick auf die Welt um uns herum und fördert und fordert kreatives Arbeiten, Ausprobieren und eine schrittweise Annäherung an Lösungen, bei denen die Menschen, die Benutzer, im Vordergrund stehen. Design Thinking lädt zum stetigen Lernen ein, und das sowohl auf inhaltlicher als auch auf persönlicher Ebene.

Vor allem wenn es darum geht, sich in neue Themengebiete einzuarbeiten, entwickeln Design-Thinking-Teams oft eine erstaunliche Neugierde und Begeisterung. So ging es beispielsweise in einem meiner Projekte bei der SAP darum, wie man Gründer von Sozialunternehmen in ihrem Gründungsprozess mit Software-Lösungen unterstützen kann. Das Projektteam bestand aus meist langjährigen SAP-Mitarbeitern, die aber allesamt keinerlei Wissen über Gründungsprozesse oder Sozialunternehmertum hatten. Doch nach den ersten Wochen intensivster (Online-)Recherche, diversen Ortsterminen und vielen Gesprächen mit Gründern und Experten wurde aus einer Gruppe von unerfahrenen Gründern ein Experten-Team für soziale Innovation. Mehr noch: Jeder – wirklich jeder – im Team hatte sich im Laufe dieses Projektes auch auf einer persönlichen Ebene weiterentwickelt. Die Kollegen öffneten sich, wurden neugieriger, wurden mutiger im Umgang untereinander und im Kontakt zum Kunden, wurden experimentierfreudiger, wurden teamfähiger und hatten vor allem auch mehr Spaß an der Arbeit. »Jetzt weiß ich endlich, warum wir die Software so bauen, wie wir sie bauen. Das motiviert mich und ich identifiziere mich wirklich mit meiner Arbeit«, so einer der beteiligten Entwickler.

Ebenso positiv beeindruckend verlief mein allererstes Design-Thinking-Projekt überhaupt, das mit der deutschen Segelnationalmannschaft durchgeführt wurde. Schon nach kurzer Zeit verfügten wir SAP-Mitarbeiter über Fachwissen, das uns bis dahin praktisch fremd war, konnten wir die Sprache der Segler und Trainer sprechen und uns in deren Welt hineindenken und hineinfühlen. Der Gruß »Moin, moin«, den ich während der Kieler Woche aufgeschnappt und liebgewonnen habe, erinnert mich heute noch daran, wie viel Spaß es machen kann, mit offenen Augen und Ohren in neue Themengebiete einzutauchen oder auf potenzielle Nutzergruppen zuzugehen.

Ich bin Design Thinker, weil ich so mein Interesse an der Arbeit und der Auseinandersetzung mit Menschen kombinieren kann mit der Entwicklung innovativer Themen, die den technischen Teil meiner Seele ansprechen. Ich bin Design Thinker, weil ich dadurch immer wieder die Möglichkeit habe, in neue Themengebiete einzutauchen. Sei es das Sozialunternehmertum, Segeltraining, Beleuchtungssysteme für Supermärkte, sprachgesteuerte Business-Software, mitdenkende Waschmaschinen oder innovative Ticketlösungen für Musikveranstaltungen. Und ich bin Design Thinker weil ich durch diese Themenvielfalt immer wieder neu inspiriert werde und Neues lernen darf. Über Themen. Über Menschen. Und über mich.

DER NEUGIERIGE BLICK AUF SICH SELBST UND AUF DIE WELT

Ein wesentlicher Bestandteil (und wohl auch eine der größten Herausforderungen) der Design-Thinking-Arbeitskultur ist für mich, auf der Grundlage von Vermutungen und – zumindest zu Beginn – meist ohne viel Wissen sich komplexen Sachverhalten zu nähern und über viel Ausprobieren in Richtung einer funktionierenden Lösung vorzuarbeiten. Etwas zu machen also und nicht nur darüber zu reden oder sich zu schnell von offenen Fragen entmutigen zu lassen.

Dafür ist eine große Offenheit und die Bereitschaft nötig, sich dem gestellten Thema auf ganz unterschiedlichen Wegen zu nähern und dabei vorgedachte oder vorgegebene Lösungen und Aspekte auch einmal links liegen zu lassen.

Während eines Projektes, bei dem es um die Frage ging, wie man SAP-Systeme mit Sprache steuern kann, hat das Projekt-Team nach anfänglich extremem Widerstand mehr und mehr Spaß daran gefunden, auch spielerisch in das Thema einzutauchen und die zu Beginn scheinbar einzig relevante Frage »Wie können wir das später implementieren?« für den Moment außer Acht zu lassen. Höhepunkt dieser, wie ich finde, sehr positiven und für alle Beteiligten sehr bereichernden Veränderung war sicherlich das Rollenspiel bei der finalen Präsentation des Projektes, in dem das ganze Team verkleidet, mit verstellten Stimmen und vordefiniertem Drehbuch seine Erkenntnisse und Ideen vermittelt hat und dabei jeder mindestens dreimal über seinen Schatten springen musste.

Ganz nebenbei wurden die so gefundenen Ideen in der Tat später umgesetzt und sind heute Teil einer SAP-Lösung für den Logistikbereich.

Experimentierfreude, große Neugierde, ein wenig Mut, die Prise Selbstvertrauen und der offene Blick auf sich und die Welt sind aus meiner Sicht wichtige Bausteine für die DNS eines jeden Design

Thinkers. Und vielleicht sogar für jeden Menschen, der persönlich wachsen will.

In diesem Zusammenhang hat mich der Vortrag von Bernie Roth (d.school Stanford) auf dem d.confestival 2012 in Potsdam besonders bewegt. Er sprach über die Frage, ob und wie Design Thinking sein Leben verändert hat. Er sprach von Essalen, einem Institut nahe San Francisco, das von Fritz Perls, einem der Begründer der Gestalttherapie, eingerichtet wurde, von den persönlichen Aspekten und Anliegen, die er mit seiner Arbeit als Design Thinker verbindet, und über seine Erfahrungen mit Studenten, die einerseits Design Thinking, andererseits aber auch »etwas über das Leben« lernen wollen.

Ich fand Bernies Worte sehr, sehr inspirierend und berührend, weil ich – auch in meiner Rolle als Gestalttherapeut – felsenfest davon überzeugt bin, dass erstens jeder Design Thinker sein kann und dass zweitens Design Thinking einen wunderbaren Rahmen für persönliche Entwicklung aufspannen kann. Weil es oft genau darum geht, neue Erfahrungen zu machen, mit offenen Augen in die Welt zu gehen, zu erleben, (sich) auszuprobieren, zu scheitern, weiterzumachen. Und eben nicht um das rein intellektuelle Verstehen von »Innovation« oder »Kreativität«.

ES SIND MENSCHEN, DIE SICH VERÄNDERN

Unternehmen oder Organisationen starten Design-Thinking-Aktivitäten meist, um ihre (allzu) bekannte Welt zu verlassen. Sie möchten die vielzitierte innovativere Kultur etablieren, möchten »anders« arbeiten, möchten neue Methoden und Herangehensweisen lernen und dadurch neue Produkte oder Dienstleistungen entwickeln. Doch wer oder was bildet letztendlich solch eine »Innovationskultur«? Es sind die Mitarbeiter, die Angestellten, die Menschen, die solch eine Kultur leben und gestalten. Und daher geht es letztlich immer darum, dass Menschen sich verändern müssen. Denn es sind die Menschen, die anders arbeiten müssen, neue Sichtweisen einnehmen müssen und die bekannten, aber allzu ausgetretenen Pfade verlassen müssen.

Deswegen bin ich sehr froh, dass ich durch meine Arbeit als Coach und Gestalttherapeut gut geschult darin bin, mit persönlichen Veränderungsprozessen umzugehen, sie zu unterstützen und mit den Ängsten und Herausforderungen, die sich dabei zeigen können, zu arbeiten. Fernab jeglicher therapeutischen Arbeit natürlich und immer im Fokus der eigentlichen inhaltlichen Herausforderungen, aber eben doch auch mit dem Blick für den Menschen.

» DESIGN THINKING LÄDT ZUM STETIGEN LERNEN EIN, UND DAS SOWOHL AUF INHALTLICHER ALS AUCH AUF PERSÖNLICHER EBENE. «

Neben diesen persönlichen Aspekten des »Machens« möchte ich aber natürlich auch den inhaltlichen Aspekt nicht unerwähnt lassen, da das »Mit-den-Händen-Denken« aus meiner Sicht einen der kraftvollsten Aspekte beim Design Thinking darstellt. Denn das Erstellen von im Wortsinne anfassbaren und physikalischen Prototypen kann einerseits dem Team ungemein helfen, sich nicht in endlosen Diskussionen zu verlieren. Zum anderen entstehen dabei Artefakte, die eine Lösungsidee von Anfang an erlebbar und testbar machen.

Gerade in der Software-Branche ist in meiner Wahrnehmung durch die Einführung von Design Thinking eine neue Sichtweise auf Prototypen entstanden: Noch vor Jahren war ein »Prototyp« fast notwendigerweise eine durchprogrammierte und lauffähige »erste Version« eines Software-Produktes, in die meist viele Wochen oder Monate an Arbeit investiert wurde und die auch schon mit einem (scheinbar) finalen visuellen Design versehen war. Wenn nun heute stattdessen mehr und mehr unfertige und einfachste Varianten aus Papier, Pappe oder Lego erstellt und vor allem von Anfang an mit den Benutzern getestet werden, ist das ein gewaltiger Schritt hin zu einem wesentlich schnelleren Lernen und Iterieren, aus dem schließlich wirklich funktionierende Software-Lösungen hervorgehen.

Ein schönes Beispiel dafür, dass vor allem in der Projektanfangsphase auch »untypische« Prototypen wirklich helfen können, habe ich im Rahmen eines Projektes zu einer neuen Lösung im CRM-Umfeld erlebt. Da dem Projekt-Team nach ersten Recherche-Aktivitäten und ersten Nutzerinterviews die Abhängigkeiten der unterschiedlichen Benutzergruppen nicht klar waren, wurde ein Brettspiel entwickelt, das genau diese Abhängigkeiten im Spiel mit den zukünftigen Benutzern sichtbar gemacht hat. Das Beispiel zeigt zudem sehr schön, dass ein Prototyp nicht notwendigerweise immer »nur« ein Modell der endgültigen Lösung sein muss, sondern vor allem eine Möglichkeit schaffen sollte, in Interaktion mit dem Benutzer einen Aspekt der zukünftigen Lösung zu testen und besser zu verstehen.

VERÄNDERUNG ALS GANZES ERLEBEN

Ich erinnere mich noch sehr gut an mein erstes Design-Thinking-Training am HPI, bei dem wir Teilnehmer die ersten eineinhalb Tage durch ein erstes eher »spielerisches« Design-Thinking-Projekt »gejagt« wurden, ohne dass uns Simon Blake, der den Workshop damals geleitet hat, irgendwelche Details zum methodischen Hintergrund verraten hat. Während ich das sehr spannend und inspirierend fand, gab es viele kritische Stimmen von Kollegen und laute Diskussionen während den Feedback-Runden.

Diese Art und Weise des Lernens, »einfach mal zu machen und zu erleben und danach darüber zu reden, was da gemacht wurde«, war eine sehr lehrreiche Erfahrung für mich, die ich seitdem auch in meinen Vorträgen, Trainings und Workshops einzubauen versuche. Zuerst kommt immer die Erfahrung, das Erlebnis und danach das (dann auch intellektuelle) Erklären. Kombiniert mit genügend Zeit für die Reflexion des Erlebten kann Design Thinking so wesentlich nachhaltiger und greifbarer vermittelt werden als die herkömmliche Methode: »Ich erkläre dir nun, wie das geht.«

Selbst in der vielzitierten *corporate culture* gibt es genügend Verrückte, die Lust auf Neues haben, die auch mit vielen Jahren Berufserfahrung immer noch offen sind für Experimente. Man muss sie nur finden und ihnen die Möglichkeit dazu geben. Design Thinking kann man lernen: anfangen – scheitern – daraus lernen – weitermachen. Und das immer und immer wieder. Und jemanden finden, mit dem ich mich regelmäßig darüber austauschen kann.

Was mich persönlich umtreibt, ist, den ganzen Menschen anzusprechen. Als Design Thinker sprechen wir ja richtigerweise gerne davon, dass wir durch die Art und Weise unserer Arbeit sowohl die linke als auch die rechte Gehirnhälfte anregen und aktivieren. Dass wir beispielsweise analytisch, aber auch visuell arbeiten. Oder dass wir sowohl strukturiert vorgehen als auch der Intuition Raum geben. Und es ist in der Tat schön, wenn mir ein Teilnehmer eines Workshops in der abschließenden Feedback-Runde sagt, dass er jetzt sicherer und mutiger darin ist, etwas visuell darzustellen, dass er jetzt besser beobachten kann oder dass er stolz auf die gefundene Lösung ist.

Aber reicht das für die Nachhaltigkeit, die sich letztendlich jeder wünscht? Reicht das, den jetzt noch begeisterten Teilnehmer eines Workshops auch in Zukunft das eben Erlebte und Erlernte in seinen Berufsalltag integrieren zu lassen? Vielleicht auch gegen Widerstände aus dem eigenen Team oder innerhalb der Abteilung?

Meine Erfahrung zeigt, dass diese Integration eben (zu) oft nicht geschieht, und daher bin ich fest davon überzeugt, dass es mehr als die linke und rechte Gehirnhälfte braucht. Es braucht auch das Herz, die Emotion, die Seele, den ganzen Körper. Kurz: Es braucht den ganzen Menschen.

Dafür ist es aus meiner Sicht zuallererst wichtig, nicht nur die Methoden und Werkzeuge wie beispielsweise Personas oder Point of Views »abzuarbeiten«, die auf einer inhaltlichen Ebene helfen können. Vielmehr sollte man sich Gedanken darüber machen, wie man als Coach, Moderator oder Trainer in Design Thinking auch die persönliche und emotionale Ebene der Teilnehmer von Anfang an anregen und aktivieren kann.

Das kann schon bei der Vorstellungsrunde beginnen, muss aber nicht notwendigerweise darin bestehen, dass die Teilnehmer »ihre Namen tanzen müssen«, wie eine Teilnehmerin eines Workshops einmal befürchtete. Ich gebe zum Beispiel Fotos im Postkartenformat von zahlreichen Reisen rund um die Welt zur Auswahl, und jeder Teilnehmer sucht sich zu Beginn eine Karte aus, die er spontan mit einem eigenen Urlaubserlebnis verknüpft. Nicht jeder findet sofort die richtige Karte oder kann spontan ein Erlebnis dazu berichten. Doch jeder kann irgendetwas zu einer Karte erzählen und sich dadurch schon ein wenig öffnen. Und ehe die Teilnehmer es bemerken, sind sie in ein Gespräch vertieft, das sich eben nicht um die Dauer der Betriebszugehörigkeit, um das aktuelle Projekt oder um die letzte Reorganisation dreht, sondern zumindest ein kleines bisschen um »Persönliches«. Und dieser persönliche Umgang, das Sich-Öffnen, ist aus meiner Sicht ein wesentlicher Teil der Kraft, die in Design Thinking steckt.

BIS ARBEIT ANFÄNGT, SPASS ZU MACHEN

Um diese Kraft aber wirklich für die inhaltliche Arbeit nutzbar zu machen, bedarf es mehr als des oft schematischen Abarbeitens bestimmter Prozessschritte und Methoden, das ich leider zu oft vor allem im Unternehmenskontext sehe. Es geht aus meiner Sicht vielmehr darum, das Projekt, den Workshop oder das Training zu einem »Erlebnis« für die Teilnehmer zu machen, das begeistert, berührt und herausfordert.

Bestes Beispiel und mein ganz persönlicher Benchmark dafür sind die Open Courses von Johannes Meyer am HPI. Johannes und das Coaching-Team, dem ich selbst immer wieder gerne angehöre, sorgen dafür, dass die Teilnehmer am Ende der drei Tage wirklich berührt und begeistert sind. Einerseits über die oft erstaunlichen Resultate, die in der kurzen Zeit entstanden sind. Und zum anderen auch über die persönlichen Erfahrungen und den einen oder anderen Schritt heraus aus der eigenen Komfortzone.

Meine größte Motivation für meine Arbeit als Design-Thinking-Coach ist es, Veränderungen umgesetzt zu sehen, die durch Design-Thinking-Projekte angestoßen wurden: Teams, die wirklich als Team arbeiten und »Team leben«. Räume, in denen man Wände im wahrsten Sinne des Wortes einreißt. Kollegen, die anfangen, visuell zu denken und zu arbeiten. Präsentationen, die in drei Minuten das Wesentliche auf den Punkt bringen. Workshops ohne PowerPoint, dafür aber mit einem Lächeln auf den Lippen der Teilnehmer. Räume, die sich an die Bedürfnisse der Mitarbeiter anpassen lassen. Räume, die Platz bieten für Lego, Pappe und Kleber, und die dadurch helfen, Ideen schnell und einfach anfassbar und damit auch testbar zu machen. Rollenspiele, die Business-Software zum Thema haben. Den stetigen Blick aus dem Bürofenster. Regelmäßige Besuche beim Kunden vor Ort. Prototypen, die in fünf Minuten entstehen und dennoch beziehungsweise gerade deswegen gezeigt werden. Mitarbeiter, die Verantwortung übernehmen für ihre Arbeit, die stolz auf das Erreichte sind und die immer wieder im Großen wie im Kleinen die eigene Komfortzone verlassen.

Durch die vielen Design-Thinking-Projekte und Workshops habe ich – hoffentlich – dem einen oder der anderen dabei geholfen, ein Schritt in die Richtung zu machen, dahin, wo Arbeit Spaß macht, wo man aufhört zu arbeiten, sondern zunehmend das tut, was einen persönlich interessiert. Dafür braucht es ab und an ein wenig Mut und die Bereitschaft, Verantwortung – vor allem für sich selbst – zu übernehmen. Aber ich denke, es lohnt sich, und ich finde es einfach nur fantastisch, dass durch Design Thinking neben der inhaltlichen Arbeit auch solche persönlichen Veränderungsprozesse motiviert und unterstützt werden können.

ZUR ZUKUNFT DES DESIGN THINKING

Design Thinking wird vielleicht irgendwann nicht mehr Design Thinking heißen. Vielleicht redet sogar nicht einmal jemand mehr darüber, aber nur deswegen, weil man über Selbstverständlichkeiten bekanntlich meist nicht redet, sondern sie einfach lebt. Wie man sich zum Beispiel ganz selbstverständlich Zeit nimmt, ein Problem wirklich zu verstehen, bevor man anfängt, Lösungen dafür zu finden. Oder über schnelles und einfaches Prototyping Ideen von Anfang an und kontinuierlich testet. Immer im direkten Kontakt mit dem zukünftigen Benutzer. Und all das in Teams, in denen sich unterschiedliche Kompetenzen, Sichtweisen und Charaktere zusammentun, um die Welt ein klein wenig besser zu machen.

Ich persönlich finde es sehr spannend zu sehen, wie Design Thinking sich mit anderen Ansätzen wie Theory U oder dem Heldenprinzip kombinieren lässt. Aus meiner Sicht sollten hier gerade die Design Thinker sehr offen und durchlässig auch für solche Ansätze sein und diese in Workshops oder Projekten erproben und testen. Letztendlich kommt es für mich nicht darauf an, ob etwas nun so oder so im Design-Thinking-Lehrbuch steht, sondern ob es dem Team, dem Projekt oder dem Auftraggeber in einer bereichernden und nachhaltigen Weise hilft, die gesteckten Ziele zu erreichen. Diese Offenheit sehe ich aber gerade bei sehr überzeugten Design Thinkern nicht immer, was ich sehr schade finde.

Ich finde es spannend, auch die künstlerisch-kreative Arbeitsweise noch mehr ins Design Thinking zu integrieren, indem zum Beispiel Künstler in Projekt-Teams aufgenommen werden. Auch Themen wie Spiritualität und Meditation bieten meiner Meinung nach viele Möglichkeiten, Design Thinking hin zu einer ganzheitlichen Arbeitsmethodik zu erweitern, in der der Mensch im Vordergrund steht.

Matthes Derdack
Derdack GmbH

DIE SCHUBKRAFT VON DESIGN THINKING

Als Hersteller von Standardsoftware haben wir im Verlauf der vergangenen zehn Jahre unterschiedlichste Methoden für die Erfassung von Nutzerwünschen probiert. Aber Design Thinking stellt einen großen Sprung hinsichtlich Vollständigkeit und Systematik dar, um möglichst ungewöhnliche Lösungen zu entwickeln, die sich auf die tatsächlichen Bedürfnisse unserer Nutzer fokussieren. Mit dem HPI wurden wir uns dann schnell einig, ein Pilotprojekt zu starten und Design Thinking direkt im Bereich unserer Software-Entwicklung anzuwenden. Zwar war ich vom Ansatz voll überzeugt, aber ich wusste nicht, wie gut und schnell die Kollegen und das Entwicklungsteam auf den Zug »aufspringen« würden. Bei den Reaktionen der Kollegen war so ziemlich alles dabei: Skepsis, Ablehnung, Begeisterung, Unsicherheit, Wohlwollen. Es hat seine Zeit gebraucht und war für viele sehr ungewohnt, aber im Laufe des Projekts wurde Design Thinking immer normaler für das Team und der Erfolg des Projektes war letzten Endes für alle offensichtlich.

Im Nachhinein war unser Design-Thinking-Pilotprojekt ein voller Erfolg und ich berichte immer wieder gerne davon. Wir haben es geschafft, Design Thinking direkt auf die Entwicklung einer Software anzuwenden. Indem wir Kunden interviewt haben, Prototypen gebaut und im Grunde das gesamte Design-Thinking-Werkzeug angewendet haben, konnten wir am Ende ein herausragendes Produkt entwickeln. Das Ergebnis, eine Erweiterung unseres Standardproduktes für die Planung und Alarmierung von Rufbereitschaften, kam bei unseren Kunden unglaublich gut an. Daraufhin haben wir Teile der Methodik auch in anderen Bereichen und im täglichen operativen Geschäft angewendet. Außerdem haben wir direkt einen Mitarbeiter für Design Thinking angestellt und verfolgen nun mehrere Projekte parallel. So zum Beispiel die Neugestaltung unseres Büros, aber auch das Redesign unseres Vetriebspartnerprogramms. Design Thinking wird bei uns also zum tagtäglichen Arbeitsmittel. Alle Mitarbeiter kommen damit in Berührung und wir sind dabei, es tief in unserer DNS zu verankern.

» DESIGN THINKING IST TEIL UNSERER UNTERNEHMENSKULTUR GEWORDEN. «

Mit der Verankerung von Design Thinking im Unternehmen Derdack ziele ich darauf ab, neue und einzigartige Produkte zu entwerfen und zu implementieren. Ich erhoffe mir auch, das volle kreative Potenzial meiner Mitarbeiter zu entfalten und damit der weiteren Entwicklung des Unternehmens einen großen Schub nach vorn zu geben.

Personen, die sich für die Implementierung von Design Thinking im Unternehmen interessieren, empfehle ich, mit kleinen Pilotprojekten zu starten. Ziel dieser Innovationsprojekte sollte aber die direkte Entwicklung von konkreten Produkten und Dienstleistungen sein. Dabei muss es eine End-to-End-Implementierung geben, um den Erfolg von Design Thinking messbar zu machen. Wir haben sehr gute Erfahrungen damit gemacht, solche Projekte durch einen externen Coach begleiten zu lassen. Zudem sollte die Einführung von Design Thinking direkt vom Management unterstützt werden!

ZUR ZUKUNFT DES DESIGN THINKING

Ich kann mir sehr gut vorstellen, dass Design Thinking in seiner Methodik weitaus ausgefeilter wird, dass es viele konkrete Anwendungsfälle geben wird und dass es in vielen Organisationen zum Standardwerkzeug für die Entwicklung von Produkten und Dienstleistungen avanciert, aber auch zur Entwicklung und zum Design der Organisation selbst beitragen wird. Design Thinking wird den Elfenbeinturm und die punktuellen Anwendungsfälle hinter sich lassen und breite Anwendung erfahren. Dazu ist meiner Meinung nach eine noch klarere und stringentere Methodik für die Implementierung in Unternehmen sowie die Messung der Ergebnisse notwendig, die sich noch entwickeln wird.

Volkmar Weckesser
Gothaer Systems

EIN RAHMEN FÜR INNOVATIVE IDEEN

Als ich 2010 erstmals in einer Präsentation zufällig von Design Thinking hörte, reichte mein persönlicher Spannungsbogen von einem ersten, etwas ungläubigen Staunen: »Was ist das denn?« hin zur Frage: »Wie geht das?« bis zur wachgerufenen Neugier: »Funktioniert das wirklich?« Von Letzterem überzeugte mich die am HPI mit der DHL zusammen entwickelte Lösung für die Challenge »Wie liefert man Post und Pakete in (Mega)Städten aus, in denen der Verkehr nur noch zeitweise fließt?« Die Lösung des »Bring Buddy«, also die Idee, Privatpersonen auf ihren täglichen Wegen an Stellen, die sie ohnehin frequentieren, Post abliefern zu lassen, fand ich extrem spannend. Insbesondere habe ich gleich über die Herausforderungen nachgedacht, die sich für Logistik und IT stellten, um diese Idee Realität werden zu lassen.

Von da an war klar, dass ich Design Thinking gerne selber ausprobieren würde – in meinem eigenen Arbeitsumfeld.

ERSTE VERSUCHE IM EIGENEN UNTERNEHMEN

Zunächst hatte ich einiges an Überzeugungsarbeit bei meinen Mitarbeitern und bei den Kollegen zu leisten. Damit Design Thinking funktioniert, muss der Wille und die Fähigkeit vorhanden sein, neue Wege zu gehen, Neues auszuprobieren und dabei auch Fehler zuzulassen. Nur so entstehen neue Lösungen.

Eine Reihe von Präsentationen, intensive gemeinsame Diskussionen und vor allem ein Besuch beim HPI halfen, den Großteil der

Mitarbeiter zu überzeugen. Die positive Erfahrung mit Design Thinking bedeutete für die beteiligten Mitarbeiter einen echten Motivationsschub. Sie haben sich für die Lösungen aktiv eingesetzt, waren insgesamt kreativer und sehr viel motivierter, die Dinge dann auch umzusetzen. Ich habe gesehen, wie Menschen in meinem Umfeld mit dieser Methode zu ganz anderen, kreativen Lösungen kommen.

Eine wichtige Erfahrung im Entwicklungsprozess war für mich zum einen die Präsentation von Zwischenständen und Ergebnissen im HPI. Durch diese »Selbstevalution« ist eine Atmosphäre geschaffen worden, die Kreativität und offenen Austausch besonders fördert. Es kamen viele Aspekte, Ideen und Resultate zur Sprache, ohne dass dabei die eigentliche Aufgabe aus den Augen verloren wurde. Das genau verhinderte die klare Organisation und strenge zeitliche Taktung der Diskussionen. Beides macht deutlich, dass kreatives Arbeiten in einem geregelten Rahmen möglich ist. Bei Design Thinking ist dieser Rahmen sogar fester Bestandteil des Ansatzes.

Zum anderen überzeugen natürlich die Ergebnisse. Neben der Idee des »Bring Buddy« berichte ich auch gerne von der Challenge zur Flughafen-Sicherheit. Die Idee, hier die Abläufe schneller und effizienter zu machen, ist für mich als Vielflieger besonders reizvoll. Selbstverständlich berichte ich dann auch von unserer eigenen Design Challenge.

INNOVATIONEN GESCHEHEN LASSEN

Ein echtes Highlight für meine eigene Bilanz war eine Design-Thinking-Konferenz am HPI. Hier war die ganze Breite der Anwendung greifbar. Die Internationalität und Branchenvielfalt, die sich bot, war sehr beeindruckend. Und ich habe erlebt, wie viele Menschen sich bereits mit Design Thinking beschäftigen. Auch bei dieser Veranstaltung war es dem Team vom HPI wieder gelungen, einen ganz speziellen Rahmen dafür und eine tolle Atmosphäre zu schaffen.

Als Höhepunkt der Veranstaltung erwies sich für mich die Podiumsdiskussion in einem Zirkus-Zelt. Hier durfte ich mit anderen Design-Thinking-Begeisterten aus der Finanzwirtschaft über unsere Erfahrungen diskutieren. Es war spannend zu erleben, mit welchen Ansätzen Design Thinking in anderen Unternehmen gefördert wird. Sei es durch Top-Management-Support, besondere Räumlichkeiten, spezielle Organisationsformen oder auch eigene Budget-Mittel.

» ICH HABE GESEHEN, WIE MENSCHEN IN MEINEM UMFELD MIT DIESER METHODE ZU GANZ ANDEREN, NEUEN LÖSUNGEN KOMMEN. «

Design Thinking ist eine neue Methode zur Entwicklung kreativer Lösungen – genauer: Es ist ein neuer Ansatz, um Innovationen geschehen zu lassen. Nicht als Wildwuchs, als bunte Ideensammlung, die anschließend sortiert werden muss. Nein, Design Thinking ist von vornherein als ein strukturierter Prozess angelegt, der es möglich macht, eingefahrene Denkmuster zu verlassen.

Mich überzeugen vor allem die Ergebnisse. Wenn man sich auf Design Thinking einlässt und es konsequent anwendet, kommt man zu Lösungen, die überraschend, vollkommen unerwartet, aber nie unerklärbar sind. Design Thinking macht Ergebnisse und Sprünge in der Entwicklung möglich, die unter anderen Voraussetzungen nicht denkbar sind.

ZUR ZUKUNFT DES DESIGN THINKING

Wenn wir uns vor Augen führen, dass vor zehn Jahren in der Gesellschaft Smartphones oder Tablets noch nicht verbreitet waren, dass YouTube oder Facebook gerade gegründet wurden, dann erkennen wir, wie schnell sich die Welt verändert. Gleichzeitig dauert aber die

Veränderung von Unternehmensstrukturen und Kulturen oft viel länger.

Daher glaube ich, dass Design Thinking in einzelnen Unternehmen oder Unternehmensbereichen zu einer neuen Unternehmensführung und zu neuen Organisationsformen führen wird. Wir sehen dies heute bei einigen sehr innovativen Unternehmen, die in den letzten Jahren entstanden sind, wie zum Beispiel Google. Bei dem Umbau traditioneller Unternehmen kann und sollte man für Design Thinking eigene Bereiche schaffen, um den Innovationen einen eigenen Raum, eine eigene Keimzelle zu schaffen, die dann den Kern für Veränderungen bilden kann.

Marcus Stüttgen

Janssen

DER WEG ZUM KUNDEN IST NICHT WEIT

Unsere erste Verbindung, die wir mit Design Thinking hatten, ist durch ein Studenten-Projekt mit der D-School zustande gekommen. Wir haben das Thema »Healthcare-360« genannt und wollten darin einen umfassenden Blick auf das Gesundheitswesen der Zukunft werfen. Es ging um die Frage, wie wir uns als Unternehmen dem Wandel im Gesundheitswesen stellen wollen beziehungsweise diesen mitgestalten können. Unser Ziel ist es dabei, in Zukunft nicht nur die Therapie selber zu bedienen, sondern auch umfassende Angebote um die Therapie herum anzubieten, um somit das Therapieergebnis für den Patienten zu optimieren.

Das Projekt wurde zunächst sehr breit angelegt und es sollte durch Gespräche immer mehr fokussiert werden. Bezüglich der Entwicklung einer Design-Challenge haben wir gelernt: Je fokussierter die Fragestellungen, desto größer die Erfolgswahrscheinlichkeit. Also haben wir das Thema Healthcare-360 sehr stark auf die Onkologie und dort auf die Indikation Prostatakrebs fokussiert. Ziel war es, mit den Studenten Lösungen zu entwickeln, um die Patienten besser durch den Therapiedschungel zu führen, aber auch durch das Überangebot an ungefilterten und teilweise verwirrenden Informationen, das sich insbesondere im Internet darstellt. Im Laufe des Projekts wurden zusammen mit den Studenten sehr interessante Lösungsideen entwickelt, mit denen der Patient sich besser in diesem Informationsüberangebot zurechtfinden kann. Teilweise wurden die Ideen in weiterentwickelter Form bereits im Unternehmen umgesetzt.

Als zu Projektbeginn in Potsdam das erste Briefing-Treffen stattgefunden hat, hatte ich das Gefühl, in eine vollkommen andere Welt einzutauchen. Hier haben wir erstmals gesehen und erlebt, was die Begriffe Raum, Zeit und Team im Sinne des Design Thinking bedeuten. Wir erfuhren eine ganz besondere Arbeitsatmosphäre, eine besondere Art der Zusammenarbeit. Das zu spüren und zu lernen, dass die Teams möglichst heterogen sein sollten, war eine sehr beeindruckende Erfahrung.

Was Design Thinking meiner Meinung nach ausmacht, ist dieser sehr intensive Kundenansatz. Wir haben gelernt, mit Kunden direkte Gespräche zu führen, und dabei erfahren, dass der direkte Weg zum Kunden meist der kürzeste Weg zur Lösungsfindung ist. In der Vergangenheit haben wir viel stärker Marktforschungsinstitute eingebunden und heute sind wir im Unternehmen bereit, selbst zum Hörer zu greifen und mit den betreffenden Kundengruppen die Thematik direkt zu besprechen. Diese Eins-zu-eins-Bindung zu erleben, die Sichtweise des Kunden auf die Problematik einzunehmen, war für mich sehr eindrucksvoll und erhellend. Über diese Erfahrung und darüber, wie und dass sie inzwischen in unsere Arbeit eingeflossen ist, berichte ich immer wieder gern.

Das eindrucksvollste Erlebnis mit Design Thinking war dann sicherlich die Implementierung der eigenen D-School, die Initiative hier im Hause Janssen. Wichtig war dabei, dass man eine Organisation wirklich im Ganzen mitnehmen musste. Dieser Prozess ist sicherlich nicht immer einfach gewesen, wir mussten Hürden überwinden und Budgets freimachen. Und dennoch: Wenn ich daran denke, wie emotional die finale Präsentation der Projektergebnisse war und was für ein Ruck durch die gesamte Organisation gegangen ist, bin ich von der Richtigkeit unseres Weges überzeugt.

Man muss die gesamte Organisation immer wieder an die Erlebnisse und Ergebnisse erinnern und einen *wake up call* geben, sonst ist es schwierig, Design Thinking und Innovationsprozesse dauerhaft in eine Organisation zu implementieren. Der Druck der Tagesarbeit ist häufig so hoch, dass man sich verleitet fühlt, solche innovativen Dinge ein Stück weit beiseitezuschieben und anders zu priorisieren. Es ist vielleicht etwas für unseren Kulturkreis Typisches, dass wir oftmals sehr stromlinienförmig sind.

» ICH GLAUBE, DASS VIELES VON DEM, WAS DESIGN THINKING AUSMACHT, DASS DIE HIER PRAKTIZIERTE FORM DER ZUSAMMENARBEIT IN ZUKUNFT DIE NORM SEIN WIRD. «

Ich glaube, dass vieles von dem, was Design Thinking ausmacht, dass die hier praktizierte Form der Zusammenarbeit in Zukunft die Norm sein wird. Ich erkenne hier in meiner eigenen Arbeit, dass wir mit Schallgeschwindigkeit immer mehr auf reine Matrixorganisationen zusteuern, in denen das vernetzte Arbeiten bedeutsamer und bedeutender werden wird. Und ich glaube, dass das in Zukunft noch stark zunehmen wird, sich viele Elemente, wie wir sie kennengelernt haben, mehr und mehr in den Arbeitsprozessen verselbstständigen und dauerhaft etablieren werden. Das ist das Spannende daran, dass sich die eigene Arbeit, die Arbeitsweise verändert, und zwar genau in die Richtung, die hier eingeschlagen wird. Die Grenzen der eigenen Arbeit werden immer öfter überschritten und wir stellen fest, wie spannend es ist, aus dem eigenen Korridor herauszutreten, ganz neue Dinge zu tun und neue Sichtweisen einzubringen. Ein weiterer wichtiger Punkt beim Design Thinking ist das Thema Raum. Wir haben mittlerweile auch in unserer Abteilung ein neues Open-Space-Raumkonzept entwickelt und nehmen die Veränderung in der Arbeitsweise unmittelbar wahr. Ich glaube, dass die klassische Schreibtischarbeit mehr und mehr aufhören wird.

ZUR ZUKUNFT DES DESIGN THINKING

Ich kann mir vorstellen, dass ein Thema im klassischen Stream des Design Thinking noch ergänzt wird: die Implementierung der entwickelten Ideen. Ich glaube, dass dieses Thema in den nächsten Jahren noch stärker in den Prozess mit eingebunden und sich der Prozess selber noch ein Stück weit verlängern wird. Ich glaube aber auch, dass sich Design Thinking generell noch verändern wird. Design Thinking ist ja noch nicht so alt, dass wir hier sozusagen am Ende der Evolution angekommen sind. Es wird sich sicherlich durch eine noch virtuellere Welt noch stärker vernetzt darstellen und vielleicht wird man Design Thinking in wenigen Jahren auch über Webkonferenzen viel stärker nutzen, als das heute möglich ist.

Wolfgang Bayer
Siemens Healthcare

DER NOTWENDIGE PERSPEKTIVWECHSEL

Das Entscheidende beim Design Thinking ist für mich, sich gemeinsam mit offenen und kreativen Menschen schnell einem Thema anzunähern und es kontinuierlich weiterverfolgen zu können, ohne dass die Beteiligten sich gegenseitig erst kennenlernen müssen. Dieser »Annäherungsprozess« geschieht nach einem Verfahren, das man sich einmal aneignet und später gar nicht mehr spürt, sondern einfach nur »lebt«. Design Thinking lebt also davon, dass neugierige und experimentierfreudige Menschen zusammenfinden und durch Fragen, Anregungen und greifbare Beispiele ein Projekt Stück für Stück nach vorne bringen.

Wesentlich hierbei ist die Dynamik der Personen, die Bereitschaft, sich immer wieder auf ein vollkommen neues »Spiel« einzulassen. Hat man Design-Thinking-Projekte einmal miterlebt, merkt man erst, wie einengend die etablierten Prozesse in Großunternehmen meistens wirken. Der Einzelne kann selten den nötigen Abstand herstellen, um neue Sichtweisen entwickeln zu können, geschweige denn Prozesse zu ändern. Man ist umgeben von Bedenkenträgern, redet mehr über Risiken als über Chancen. Kurz: Es fehlt die für Design Thinking typische Leichtigkeit, neue Möglichkeiten zu erkennen, aufzuzeigen und mit ihnen zu experimentieren, zu spielen.

Erst dabei entstehen neue Bilder in den Köpfen der Beteiligten, welche durch Design Thinking die Möglichkeit erhalten, Visionen zu entwickeln. Ich glaube, es ist einfach wichtig, sich ein Bild über Menschen im gegenwärtigen Prozess zu malen oder Fotos von Menschen in diesem Prozess zu erklären. In meinem ersten Design-Thinking-Workshop war es für mich sehr ungewohnt, die Perspektive einer anderen Person einzunehmen und darauf aufbauend über dieses fremde Leben zu assoziieren und ein eigenes Bild zu kreieren. Das hat mich unheimlich motiviert, selbst kreativ zu sein.

Dies ist aus meiner Sicht auch ein wichtiger Driver im Design Thinking. Eine Person auszuwählen und deren Denkweise nicht nur zu berücksichtigen, sondern eventuell auch als Inspirationsquelle zu nutzen. Diese andere Betrachtungsweise ist auf jeden Fall anstrengend, da man seinen eigenen Lösungsansatz beiseitestellen muss. In Design-Thinking-Projekten darf man sich immer wieder überraschen lassen.

» WESENTLICH HIERBEI IST DIE DYNAMIK DER PERSONEN, DIE BEREITSCHAFT, SICH IMMER WIEDER AUF EIN VOLLKOMMEN NEUES SPIEL EINZULASSEN. «

Als Projektpartner eines Design-Thinking-Projekts, das von Studenten durchgeführt wurde, waren wir von den »Spiegelbildern« überrascht, die von jedem Teilnehmer entstanden. Von diesem Projekt hatten wir uns einen Ansatz erhofft, über den wir gemeinsam mit unseren Kunden Lösungen erarbeiten könnten. Im Endeffekt wurde uns aber zunächst ein Spiegel vorgehalten mit dem Ergebnis, das hieß: »Ihr seid überhaupt noch nicht bereit für einen solchen Ansatz. Ihr habt eure Kultur in eurem Unternehmen noch gar nicht so aufgebaut, dass ihr wirklich mit Kunden ergebnisoffen neue Lösungsansätze erarbeiten könnt.« Dies meinem Sponsor aus dem Top-Management zu vermitteln, sprich zu sagen: »Wir müssen erst die Kultur dafür schaffen«, war der schwierigste Schritt im Anschluss an den Workshop. Die Wendung im Projekt, die Neuformulierung der Ausgangsfragestellung war beeindruckend für mich. Dabei unterstützt zu werden, selber eine neue Sicht auf die Art und Weise zu erhalten, wie wir beispielsweise mit unseren Kunden interagieren. Auch existierende Prozesse neu zu hinterfragen: dass wir beispielsweise den Kunden nicht nur ein Produkt oder eine Lösung präsentieren, sondern eine ergebnisoffene Kooperation eingehen.

Die Ergebnisse aus dem Studentenprojekt haben wir zwar nicht eins zu eins umgesetzt, dafür ist in ihrer Folge aber eine interne Arbeitsgruppe entstanden. Diese überlegt nun, wie wir mit unseren größten Kunden weltweit in einen gemeinsamen Entwicklungsprozess treten können.

Zudem versuchen wir auch, Design-Thinking-Methoden in unsere Arbeitsweise zu integrieren. Beispielsweise planen wir zurzeit die Umgestaltung eines unserer Meeting-Räume in einen »Kreativraum«. Wir möchten auch immer mehr Leute in Design-Thinking-Teams zusammenbringen, um ihre Kreativität zu fördern. Bei internen Änderungsprozessen tauschen wir uns unter den Kollegen intensiver aus und hinterfragen, wie sie ihre Rolle jetzt einschätzen und wie sie diese in zwei oder drei Jahren gerne sehen würden. Es ist immer wunderbar mitzuerleben, wie Menschen plötzlich auftauen und eine völlig andere Haltung annehmen.

Martin Wegner
Deutsche Post AG

INNOVATIONEN BRAUCHEN NEUE DENKMUSTER

Im Jahr 2009 haben wir folgende Fragestellung als Studentenprojekt an der D-School platziert: »Wie könnte die Konsumgüter-Lieferkette in den Innenstädten der Zukunft verbessert werden unter der Annahme, dass die Anzahl der Prosumer stark ansteigt?« Unsere Motivation, eine unserer essenziellen Challenges in ein Studenten-Team aus unterschiedlichen Fachrichtungen zu geben, war vor allem dadurch begründet, dass wir andere Denkmuster in unsere eigene Unternehmensstruktur hineinbringen wollten. Bis zu diesem Zeitpunkt haben wir überwiegend intern über neue Ideen nachgedacht und gebrütet. In den ersten Gesprächen mit den Studenten hat sich schnell herausgestellt, dass diese Fragestellung aus der Logistik sehr abstrakt und schwer zu greifen war. Die Challenge wurde daher angepasst auf die Frage, wie die Zustellung (von Waren) der Zukunft in großen Städten aussehen könnte.

Mein erster Eindruck war geprägt von einem engagierten Studenten-Team in einem unkonventionellen, sehr kreativen Umfeld. Dieser Eindruck hat »Lust auf die Design-Challenge« gemacht und sorgte für Vorfreude und Spannung auf das Ergebnis – die nur leicht eingetrübt war durch den ersten Eindruck, dass unsere erste Problemstellung für die Studenten nur schwer zu greifen und Design Thinking auf ein konkretes, greifbares Produkt besser anzuwenden war.

Denn meiner Meinung nach ist eine wesentliche Fähigkeit, die durch Design Thinking ausgebildet wird, strukturiertes Innovieren, indem besonders viel Wert auf das richtige Verständnis der Problemstellung gelegt und sehr früh über Lösungswege in Form von haptischen oder visuellen Prototypen berichtet wird. Es wird also darauf abgezielt, ein Verständnis für das Problem zu bekommen, bevor an der Lösung gearbeitet wird, während in vielen anderen Bereichen zunächst Lösungen entwickelt werden und dann die Problemstellung gesucht wird. Investitionen zur Umsetzung von Lösungen werden erst dann getätigt, wenn die Problemstellung genau beschrieben und alle Beteiligten sich darauf verständigt haben. Mit sehr pragmatischen Mitteln, wie zum Beispiel mit kostengünstigen Bastelmaterialien, werden sehr früh im Prozess erste Prototypen erstellt. Diese Prototypen sind sehr funktionell und erlauben es, mit dem Auftraggeber den Lösungsansatz zu diskutieren. Das hilft, kostenintensive Entwicklungen in die falsche Richtung beziehungsweise gegen die Erwartung des Kunden zu vermeiden. Gerade diese Bastelarbeiten, diese schnell entwickelten Prototypen rufen zunächst bei vielen eher ein Lächeln hervor, sie unterstützen aber tatsächlich den Betrachter oder Auftraggeber darin, sich mit dem Thema, mit dem Lösungsgedanken sehr früh auseinanderzusetzen, und geben am Ende eine höhere Garantie, dass die entwickelte Lösung der Aufgabenstellung, der Problemstellung wirklich entspricht. Dabei besteht das Team idealerweise aus Experten ganz unterschiedlicher Fachrichtungen, um möglichst viele unterschiedliche Sichten und Kreativität einzubringen.

In unserem Projekt »Bring Buddy«[1] wurde mit einfachen Mitteln eine filmische Animation erstellt, die viel besser als jede Erklärung oder Standardpräsentation die Lösung beschrieben hat. Ich muss sagen, das war für mich neu und beeindruckend.

AUFGABEN SO KONKRET WIE MÖGLICH FORMULIEREN

Ohne die Möglichkeit einer Design-Challenge wären wir diese Aufgabenstellung in dieser Form nicht angegangen. Design Thinking hat geholfen, eine komplexe Fragestellung systematisch aufzuarbeiten und so Befürworter für die Idee im eigenen Konzern zu finden. Die Logistik als eher abstraktes Thema war für die Studenten schwer zu greifen. Konkret hat man damals den Begriff eines Prosumers entwickelt und die Frage gestellt, welche Rolle der Prosumer in der Stadt für die Logistik spielen kann. Danach haben wir die Fragestellung konkretisiert und sie verändert in Richtung der Überlegung, wie die Zustellung in Mega-Citys in der Zukunft aussehen kann. Wir haben also etwas spezifischer formuliert.

Trotz des abstrakten Themas und obwohl es um Prozessinnovation ging, ist es den Studenten gelungen, hier in einer wirklich einfachen, unglaublich eindrucksvollen Art und Weise im Rahmen des gegebenen Budgets eine tolle Lösung zu entwickeln. Insofern hat uns die Arbeit mit Design-Thinking-Methoden und das Studentenprojekt dabei geholfen, eine sehr visionäre Lösung zu entwickeln und auf der EXPO 2010 in Shanghai einer breiten Zielgruppe vorzustellen. Diese Kommunikationsplattform hat geholfen, die Lösung außerhalb und auch innerhalb des Konzerns zu verbreiten, sie zu verstehen und die Weiterentwicklung anzustoßen. Ich glaube, gerade die Tatsache, dass eine studentische Gruppe hier eine Design-Thinking-Lösung entwickelt hat, hat uns geholfen, sie im Konzern vorzustellen und anschließend weiterzuentwickeln und in einem Pilotbetrieb in Schweden unter dem Namen »MyWays« auch tatsächlich umzusetzen. Die Kunst für große Konzerne dabei ist, innovative Ideen und Ergebnisse aus Studentenprojekten tatsächlich in den Konzern hineinzubringen und zu einem neuen Service, einem neuen Produkt zu entwickeln und sie eben nicht als studentische Arbeit stehenzulassen.

Im Nachhinein hatte Design Thinking einen großen Einfluss auf Solutions and Innovation, die zentrale Innovationseinheit der DHL. Design Thinking ist inzwischen fest in unseren »Methodenbaukasten« aufgenommen und wird regelmäßig in Kundenworkshops oder bei internen Fragestellungen eingesetzt. Am Standort des DHL Innovation Campus haben wir einen eigenen Design Thinking Space eingerichtet. Dieser Bereich, ausgestattet mit den typischen Möbeln und dem typischen Equipment, bietet ein kreatives Umfeld für Workshops, für Innovationsworkshops hier bei uns im Hause. Zusätzlich erlaubt uns dieser Raum, unmittelbar hier mit unseren Kunden gemeinsame Projekte umzusetzen.

» UNSERE MOTIVATION, EINE UNSERER ESSENZIELLEN CHALLENGES IN EIN STUDENTEN-TEAM AUS UNTERSCHIEDLICHEN FACHRICHTUNGEN ZU GEBEN, WAR VOR ALLEM DADURCH BEGRÜNDET, DASS WIR ANDERE DENKMUSTER IN UNSERE EIGENE UNTERNEHMENSSTRUKTUR HINEINBRINGEN WOLLTEN. «

Bei der Einführung von Design Thinking im größeren Konzernumfeld empfehle ich einen hohen Grad an Offenheit für unkonventionelle Methoden. Was uns sehr geholfen hat, war die Zusammenarbeit mit Studenten, die in vielem ganz anders denken als wir im Unternehmen. Ich habe erlebt, dass Design Thinking ein Ansatz ist, um vorhandene Denkmodelle zu hinterfragen, ein Vorgehen, das gerade in einem größeren Konzernumfeld ein ganz wichtiger Baustein sein kann, um zu echten Innovationen und Änderungen zu kommen. Es geht dann darum, einfach zu testen, Denkmodelle durchzuspielen und nicht zu früh mit Bedenken einen solchen Prozess zu torpedieren. Design Thinking bedeutet, dass man über Hierarchien und über

Fachbereiche hinweg zusammenarbeitet und daraus einen sehr offenen, sehr kreativen, gestalterischen Prozess macht. Dieser Prozess kann für den einen oder anderen insofern zur Herausforderung werden, als er schon mal verlangt, alltägliche Gepflogenheiten abzulegen, wenn man beispielsweise mit Teamkollegen aus anderen Fachbereichen oder mit anderen Hierarchien gemeinsam einen Prozess mit Lego darstellen soll.

Eine Herausforderung im Unternehmenskontext ist, wie ich festgestellt habe, dass in vielen Bereichen ein Design-Thinking-Prozess sehr viel Zeit in Anspruch nimmt, die so im Alltag unseres Umfelds nicht immer vorhanden ist. Wir versuchen jetzt Programme zu entwickeln, um in kürzeren Zeitfenstern Design-Thinking-Projekte zu realisieren. Dadurch, dass wir auch in global verteilten Teams arbeiten, ist es oft nicht möglich, physisch zusammenzukommen. Wir wollen jetzt einen Weg finden, Design Thinking in einer virtuellen Gruppe, in einer virtuellen Zusammenarbeit anzuwenden.

ZUR ZUKUNFT DES DESIGN THINKING

In Zukunft wird Design Thinking einen festen Platz in der Produktentwicklung, den Innovationsabteilungen auch großer Konzerne haben. Dabei wird sich Design Thinking angepasst haben an die Bedürfnisse großer multinational operierender Unternehmen. Konkret: Es werden Formate entwickelt werden, die es erlauben, Design Thinking auch in kürzeren Workshops einzubringen (einige Stunden bis ein Tag), um auf die knappen Zeitbudgets von Entscheidern in Unternehmen zu reagieren. Ich kann mir vorstellen, dass in einer komplexeren Welt Innovation in immer schnelleren Zyklen stattfindet und dass Design Thinking eben mit dem Ansatz, frühe Prototypen zu entwickeln, hier ein wichtiges Instrument darstellen kann, um diese schnellen Entwicklungszyklen ganz speziell auch in der Dienstleistungsbranche zu unterstützen. Was ich in 20 Jahren sehe und was sicherlich auch eine Notwendigkeit gerade in internationalen Konzernen sein wird, ist diese virtuelle Zusammenarbeit über Grenzen, über Länder hinweg, um Design Thinking auch in einem Corporate-Umfeld anwenden zu können.

1 Die Studenten der HPI D-School entwickelten im Sommer 2009 das Konzept »Bring Buddy«. Es basiert auf dem Gedanken, dass jede Bewegung in der Stadt eine potenzielle Post-Lieferung sein könnte. Das Ergebnis dieses Projektes diente als Grundlage für den später in Schweden startenden DHL-Service »MyWays«.

Marcel Plaum
Fraport

EINE SYMBIOSE AUS ANALYSIEREN UND DESIGN THINKING

Verschiedene Erlebnisse haben mich dazu bewogen, Design Thinking als Arbeitsweise in meinem Bereich der Terminalentwicklung am Flughafen Frankfurt (Arbeitsfeld) zu integrieren und mit meinen Kollegen zu teilen. Um nur ein Beispiel aus der jüngsten Vergangenheit zu nehmen: In einem Workshop am HPI wurde uns eine Gruppenarbeit mit der Aufgabe übertragen, den Systementwickler eines Webportals für den Automarkt davon zu überzeugen, das Geschäftsfeld auch auf Boote und Yachten auszudehnen. Es stand uns dafür nur sehr wenig Zeit zur Verfügung. Wir haben uns zunächst relativ schwer damit getan und am Ende gerade noch ein Ergebnis erzielt, welches in der Zusammenfassung auf einem Blatt Papier ziemlich ernüchternd wirkte. Unsere Lösung wurde dann jedoch in einem Rollenspiel den anderen Teilnehmern sehr plastisch vorgestellt – und wirkte in dieser wirklich gelungenen visuellen Präsentation plötzlich absolut überzeugend. Daraus ergab sich für mich die Quintessenz, dass es fern von PowerPoint sehr viel bessere Möglichkeiten der Präsentation gibt, mit denen sich die eigentlichen Inhalte viel besser vermitteln lassen und man eher zu einer zielführenden Entscheidung gelangen kann.

Ich persönlich habe Design-Thinking-Prozesse immer als ein Abtauchen in eine andere Welt erlebt, ein Sich-Vertiefen, das die Möglichkeit bietet, sich aller sonst wirkenden Fesseln zu entledigen und gemeinsam mit anderen, die man noch nicht einmal gut kennen muss, tolle Ergebnisse zu erzielen. Über Design Thinking habe ich viele interessante Menschen kennengelernt und sogar Freundschaften geschlossen.

So gesehen, würde ich sagen, dass Design Thinking weit mehr ist als ein Business Instrument. Es bietet quasi einen großen Spielplatz für Erwachsene, auf dem man alles ausprobieren kann, dabei viel Spaß hat und am Ende auch noch gute und interessante, manchmal auch überraschende Ergebnisse bekommt. Ich habe über diese Erfahrungen einen unglaublichen Motivationsschub für meinen Job erhalten, der unter anderem in eine Erweiterung meines Aufgabengebiets mündete. Ich konnte bereits mehrere Kollegen im Unternehmen und auch bei den Partnern und Kunden mit dem Design-Thinking-Virus infizieren und dazu beitragen, dass vorhandene Barrieren (wenn auch langsam) abgebaut werden und Ergebnisse deutlich schneller produziert werden. Das Zusammenspiel von Analyse und Kreativität verstehe ich als ein perfektes Zusammenspiel beider Hirnhälften und sehe darin einen wesentlichen Erfolgsfaktor für die Terminalentwicklung und mich persönlich.

» MAN KANN ÜBER DESIGN THINKING NOCH SO VIEL POSITIVES ERZÄHLEN, DIE ARBEITSWEISE UND IHRE WIRKUNG ERKLÄREN: UM SIE WIRKLICH ZU VERSTEHEN, MUSS MAN SIE SELBER HAUTNAH MITERLEBT HABEN. «

Innerhalb meines Bereichs wurde ein neuer Zweig gegründet, der Design Thinking bereits als eine Leitmethode in den Grundfesten verankert hat. Und es wurden und werden mehr und mehr Personen und Bereiche mit Design Thinking in Berührung gebracht, um erste Erfahrungen sammeln, die Methode erleben zu können.

Allerdings ist das Unternehmen noch nicht an dem Punkt, als Ganzes auf diese Arbeitsweise umzustellen und die Organisation anzupassen.

Will man Design Thinking in einer wie auch immer gearteten Organisation einführen, kann ich nur empfehlen, als ersten Einstieg an einem Workshop, einer Schulung oder einem konkreten Projekt teilzunehmen. Man kann über Design Thinking noch so viel Positives erzählen, die Arbeitsweise und ihre Wirkung erklären: Um sie wirklich zu verstehen, muss man sie selber hautnah miterlebt haben.

Vor allem den Skeptikern, die Design Thinking vorschnell das abwertende Prädikat »Esoterik« verleihen, sei geraten, sich der direkten Erfahrung zu stellen. Ich bin mir sicher, dass viele von ihnen ihr Urteil revidieren würden. Unser Erlebnistag, bei dem jeder in die Rolle eines Passagiers schlüpfen und eine Aufgabe erfüllen sollte, hat viele Hemmungen und Zweifel genommen. Bei vielen Mitarbeitern erlebe ich eine große Offenheit und ein großes Verlangen nach einer solchen Arbeitsweise. Sie sollten – auch wenn zunächst die Hürden hoch erscheinen – ausreichend Gelegenheit erhalten, die Methode zu verinnerlichen, um zu verhindern, dass sie von Design Thinking nur reden, aber dann doch wieder »das mit den Fähnchen« machen.

ZUR ZUKUNFT DES DESIGN THINKING

Ich glaube, dass es in Zukunft noch sehr viel mehr Leute geben wird, die die Methodik kennen und sie vor allem anwenden. Die Methodik selber wird sich sicherlich immer wieder neu erfinden und selbst optimieren. Ich persönlich glaube, dass noch Potenzial im Weg vom Prototyping zur tatsächlichen Realisierung liegt. Das Thema »Umsetzung« ist aus meiner Sicht einer der schwierigsten Punkte. Einerseits ist es ein Vorteil, die Dinge schnell und »unreif« zu testen, um sie dann auch gleich zu optimieren. Andererseits ist der Weg zu einer Umsetzung oftmals noch sehr fern, da Knackpunkte, die beim Prototyping vielleicht noch zu vernachlässigen waren, für die Dauerlösung unumgänglich werden. Am Flughafen gibt es da eine Reihe solcher Themen, von internen CI/CD-Vorgaben bis hin zu Auflagen im Brandschutz.

Frank Elstner

Elstnertainment

BLEIBT NEUGIERIG!

Ich fand es sehr bemerkenswert, dass die verschiedenen Gruppen, sehr ergiebig ihre Ideen präsentiert haben und nicht gegeneinander gearbeitet, sondern Feedback und Ideen ausgetauscht haben. Das Feedback war ein besonders wichtiges Element der Präsentationen, und anstatt das eigene Konzept gegenüber dem Feedback zu verteidigen, wurde es aufgenommen und später im Team evaluiert. Es war zwar ein gesunder Wettbewerb zu spüren, denn die Teams wollten ihre Ideen möglichst gut herausstellen, dennoch arbeitete man als Kurs zusammen und tauschte Erfahrungen, Ideen und Befürchtungen aus. Diese Präsentations- und Feedbackkultur ist ein besonderes Design-Thinking-Erlebnis und gegensätzlich zu so manchen anderen Wettbewerbspräsentationen.

Vor allem zum Beispiel bei Architektenwettbewerben versuchen die Beteiligten, sich möglichst viele Informationen über die Gegner zu besorgen und möglichst wenig Angaben über sich selbst herauszulassen. Design Thinking ist in diesem Sinne auf höchstem Niveau das, was Social-Media-Kanäle auf eher nicht so hohem Niveau machen, der Community-Gedanke ist bei beiden Prozessen ähnlich ausgeprägt.

Denn eigentlich ist Design Thinking eine ganz einfache Erziehungssache. Dahinter steht die Überzeugung, mit dieser Art von Weiterbildung voranzukommen. Und diese Motivation des Herantastens ist für mich essenziell. Leute, bleibt nicht auf eurem Gelernten sitzen und denkt nicht, das ist es nun, sondern seid bitte neugierig, fragt die anderen. Denn man kann so viel Neues aus alltäglichen Situationen ziehen, wenn man die Ohren und die Augen aufmacht und guckt, was die anderen tun.

Ebenso war es für mich ein besonderes Erlebnis zu sehen, mit welcher Begeisterung und Passion die Studenten an ihren Projekten arbeiten. Die Anzahl der Prototypen, die uns im Projektverlauf präsentiert wurden, ist einzigartig, ebenso wie das Umfeld und die Arbeitsbedingungen, in denen die Studenten die Möglichkeit erhalten, ihre Ideen umzusetzen. Es wurden unterschiedliche Konzepte erarbeitet und das Feedback von Nutzern und Extremnutzern eingeholt. Im Design Thinking werden neue Konzepte und Ideen nicht fernab der Realität entwickelt und umgesetzt. Die potenziellen Nutzer werden bereits an dem Design-Prozess beteiligt und erhalten die Möglichkeit, ihr Feedback zu geben und es in die Konzepte einfließen zu lassen.

EIN BEISPIEL FÜR EINE BESONDERE IDEE: BOOKOVERY

In lebhafter Erinnerung ist mir ein Prototyp der zweiten Runde geblieben. Es war die Idee des »Book Ambassadors«. Prominente, die zu Buch-Botschaftern werden, indem sie sich auf Veranstaltungen mit einem Buch zeigen und somit ein lesendes Vorbild für ihre Fans sind. Innerhalb des Projekts hat sich diese Idee durch mehrere Testrunden weiterentwickelt und abgeändert. Der finale Prototyp »Bookovery« kombinierte dann das Lesen mit dem Reisen, ein Konzept, das sowohl Leser als auch Nichtleser adressiert. Diese Idee zielt darauf, den Leser in eine Geschichte hineinzuziehen, dadurch dass er Originalschauplätze und teilweise sogar Handlungen selbst erleben kann. Der Leser reist durch die Geschichte im wirklichen Leben und liest parallel das Buch zur Reise.

Von Beginn an waren wir als Projektpartner involviert. Von der Entwicklung der Fragestellung über Zwischenpräsentationen, die mehrere Design-Optionen aufzeigen, bis hin zur Umsetzung zu sehen, mit welchem Engagement und welcher Leidenschaft die Studenten an der Lösung der Design-Challenges arbeiten, hat mich begeistert. Insbesondere die Zusammenstellung von interdisziplinären Teams aus teilweise sehr exotischen Fachrichtungen beziehungsweise interessanten Kombinationen ist aus meiner Sicht eine gute Ausgangsposition, um ein Klima der Innovationskultur zu etablieren. Nur durch eine sinnvolle Integration kluger Köpfe unterschiedlicher Fachrichtungen lassen sich richtungsweisende, innovative Lösungskonzepte entwickeln, die Antworten auf Zukunftsfragen geben können.

» ICH WÜNSCHE MÖGLICHST VIELEN JUNGEN MENSCHEN DIE CHANCE, TEIL EINES SOLCHEN PROJEKT-TEAMS ZU SEIN UND EIN BOTSCHAFTER DES DESIGN THINKING ZU WERDEN. «

Ich wünsche möglichst vielen jungen Menschen die Chance, Teil eines solchen Projekt-Teams zu sein und ein Botschafter des Design Thinking zu werden. Insbesondere für Studenten, die sich im Anschluss an ihr Studium Richtung Medien orientieren, ein Bereich, in dem viele Quereinsteiger in unterschiedlichen Projekten zusammentreffen, ist diese interdisziplinäre Ausrichtung sehr frühzeitig sinnvoll. Nur nebenbei erwähnt, habe ich durch das D-School-Projekt eine Mitarbeiterin gefunden, mit der ich den Design-Thinking-Ansatz in eigenen Kreativ-Projekten erfolgreich umsetzen konnte.

ZUR ZUKUNFT DES DESIGN THINKING

Also ich denke nicht darüber nach, was in 20 Jahren ist, sondern ich denke darüber nach, was nächstes Jahr auf mich zukommt, und ich glaube, dass wir überrollt werden von einer Entwicklungsgeschwindigkeit, die man vor fünf oder sechs Jahren nicht zu prophezeien wagte. Ich glaube, dass alles sich viel schneller verändern wird, als die Hüter des Bewährten sich einreden. Wenn ich sehe, wie junge Menschen heute mit Fernsehen umgehen, dann frage ich mich, warum die alten Verantwortlichen des Fernsehens das immer noch nicht gesehen haben.

Es macht gar keinen Sinn, sich gegen technologische Veränderungen zu sperren. Sie werden prima weiterwachsen und es ist wichtig – vor allem im Fernsehbereich –, neue Technologien als Chance zu begreifen. Und um diese Chance dann auszubauen und nutzbar zu machen, wünsche ich mir, dass Design Thinking in 20 Jahren nicht nur eine Zusatzausbildung für Studenten ist, sondern sich als eine erfolgreiche Unternehmenskultur etabliert hat. Letztendlich ist es wichtig, bei der Entwicklung von neuen technologischen Konzepten die richtigen Fragen zu stellen, bevor wir anfangen, nach Lösungen zu suchen, damit nicht der Fehler passiert, dass neuen Technologien einfach die alten Modelle übergestülpt werden.

Achim Gleißner

Sennheiser

DER LUST AUF NEUES FOLGEN

Gegensätze erzeugen positive Energie. Das Design-Thinking-Erlebnis verbinde ich damit, dass sich offene und kreative Individuen aus ganz unterschiedlichen Bereichen zu agilen und produktiven Teams zusammenfinden. Zudem ist es im Design Thinking wesentlich, mit einfachen Regeln komplexe Prozesse zu ersetzen. Als Projektpartner für ein Studentenprojekt mit der HPI D-School fühlte ich mich in die Studentenzeit zurückversetzt und hatte einen Riesenspaß, mit den Studenten Kontakt aufzunehmen und zu halten.

Es gab mit dem Team innerhalb des Projekts ein Erlebnis, das mir besonders in Erinnerung geblieben ist. Wir redeten über ein Design-Konzept, mit einem Smartphone die Haptik einer konventionellen »point-and-shoot«-Kamera nachzubilden. Mein naiver Ansatz war, dass es für den Benutzer damit gewohnter und intuitiver sein würde. Aber das Team zeigte mir sehr schnell, dass dieser Ansatz im Hinblick auf die junge Zielgruppe, die nie eine Digitalkamera besessen und benutzt hat, ein Holzweg wäre. Meine Annahme wurde also sofort von der potenziellen Zielgruppe getestet und verworfen. Dieses Erlebnis macht deutlich, dass Prototyping ein wichtiger Bestandteil von Design Thinking ist. Allerdings ist es hier wichtig zu verstehen, dass ein Prototyp in diesem Zusammenhang etwas ganz anderes ist als in der Industrie üblich. Man muss sich das Produkt, um das es jeweils geht, gut vorstellen und möglichst schnell auch am besten anfassen können. Deshalb wird die Idee aus Bordmitteln visualisiert und anfassbar gemacht. Typischerweise hat man in der Industrie die

Vorstellung, dass die Zeitstrecke von Idee über Prototyp und Kundencheck eine Sache von Wochen und Monaten ist. Design Thinking denkt hier in Stunden und Tagen.

NACH DEM PRINZIP SUPERHIRN

Um das wirkliche Potenzial von Design Thinking auszuschöpfen, sind vor allem zwei Aspekte erforderlich: eine ausreichend weit gefasste und nicht zu fachspezifische Aufgabenstellung sowie ein buntgemischtes Team von kreativen Menschen, die von diesem Thema eigentlich keine Ahnung haben. Typischerweise setzt man bei einer neuen Aufgabenstellung auf die sogenannten »Experten«, oftmals mit dem Ziel, eine Lösung *»out of the box«* zu kreieren. Der bessere Ansatz ist aber, motivierte Nicht-Experten auf ein solches Thema loszulassen, die gar nicht wissen, dass es diese Box überhaupt gibt. Ferner erreicht man auf diese Art viel besser und schneller eine Außensicht aus dem Blickwinkel des Kunden und bleibt nicht nur bei der Innensicht des Herstellers oder Anbieters. Ein anderer wichtiger Aspekt von Design Thinking ist die schnelle Iteration. Starte mit einer Annahme und akzeptiere, dass diese vermutlich falsch ist. Ob und wie falsch, kann man aber erst durch einen Test herausfinden. Es ist wie Superhirn spielen: Annahme – Feedback – Verarbeitung des Feedbacks – neue, verbesserte Annahme.

> » MIT BEWÄHRTEN PROZESSEN KOMMT MAN ZU RENOVATION. MIT DESIGN THINKING POTENZIELL ZU INNOVATION. ES GILT, DIE BALANCE ZU HALTEN. «

Viele Aspekte aus der Design-Challenge mit dem HPI und Design Thinking im Allgemeinen finden sich in einem noch laufenden internen Projekt wieder: ein neuer Teamansatz, ein Projektraum und ein iterativer Prozess, bei dem der erste Lösungsansatz erst entsteht, nachdem die Wertewelt des potenziellen Kunden (der Point of View) ausgearbeitet wurde. Man kommt zu überraschenden Ergebnissen, die man im Anschluss testen muss, um Iterationsschleifen zu fliegen.

Eine nachhaltige Veränderung steht zwar noch aus, allerdings werden Aufgaben, bei denen etablierte Denkweisen und Prozesse nicht anwendbar sind, parallel nach Design Thinking bearbeitet. Zur nachhaltigen Veränderung sind Erfolge notwendig. *Seeing is believing.*

Um mit Design Thinking im eigenen Unternehmen zu starten, ist es sicherlich erforderlich, sich ein wenig mit der Theorie zu beschäftigen. Allerdings sollte man dann die Methode anhand eines kleinen Prototypen sehr schnell testen. Dafür gibt es einige Grundregeln, die man beachten sollte:

1. Rekrutiere das Team aus Leuten, die Lust haben, etwas Neues auszuprobieren.
2. Stell dich darauf ein, mit überraschenden Ergebnissen konfrontiert zu werden und diese zu akzeptieren.
3. Erwarte nicht, dass Design Thinking deine vorgefasste, nach traditionellen Denkweisen entstandene Meinung bestätigt.
4. Geh im Prozess zügig voran und vermeide den Hang zum Perfektionismus, der den Vorgang nur verlängert, das Ergebnis aber nicht unbedingt verbessert.

Je traditioneller, je konservativer und je »deutscher« allerdings das Umfeld ist, desto schwieriger ist es, eine Methode wie Design Thinking zu etablieren. Sie widerspricht den bekannten Denkweisen und Prozessen. Das »Not invented here«-Phänomen, der Hang zum Perfektionismus, die Vernachlässigung der Tatsache, dass Lust und Spaß an einer Aufgabe wichtige Erfolgsfaktoren sind, und nicht zuletzt die feste Überzeugung, dass Experten die wichtigste Basis darstellen –

dies alles erschwert die Etablierung von Design Thinking. Kleine Seitenprojekte und schnelle Erfolge helfen aber und nehmen Menschen die evolutionär bedingte Angst vor Veränderungen.

ZUR ZUKUNFT DES DESIGN THINKING

Design Thinking wird nie die etablierten Strukturen ersetzen, vielmehr stellt es eine sinnvolle Ergänzung dar. *One size doesn't fit all.* Mit bewährten Prozessen kommt man zu Renovation. Mit Design Thinking potenziell zu Innovation. Es gilt, die Balance zu halten.

Es gibt einige Faktoren, die der weiteren Erfolgsstory von Design Thinking in die Karten spielen. Innovationszyklen werden kürzer und Design Thinking ist schnell. Die etablierten westlichen Gesellschaften und Industrien sind auf intelligente, kundenorientierte Quantensprünge angewiesen, um zu überleben. Design Thinking fördert und fordert Kreativität und Innovationskraft.

Die Fluktuation von Mitarbeitern steigt, für Design Thinking sind neue Mitarbeiter nicht eine Gruppe, die zunächst angelernt werden muss, sondern ein nicht ausgeschöpftes Potenzial, das man ab Tag eins nutzen kann und soll. Die Theorie ist einfach, allerdings wird Design Thinking eine wichtige Ergänzung sein, nicht der Ersatz für bewährte und erfolgreiche Strategien.

Julia Leihener

Creation Center der Telekom Innovation Laboratories

ÜBER PARTIZIPATION ZU NUTZERZENTRIERTER INNOVATION

Design Thinking ist für mich ein partizipativer Denkansatz und ein essenzielles Innovationswerkzeug. Es, hilft, entlang des gesamten Innovationsprozesses durch die Nutzerbrille zu blicken und gemeinsam mit Menschen aus unterschiedlichen Abteilungen, Fachrichtungen, Kulturen strukturiert durch einen Innovationszyklus zu gehen. Ich weise immer wieder gerne darauf hin, für wie wichtig ich es halte, die Nutzerperspektive nicht nur einzunehmen, sondern wirklich zu erleben. Meiner Meinung nach ist es fatal, Dinge neu zu erfinden und am Ende festzustellen, dass niemand sie braucht. Daher ist der nutzerzentrierte Ansatz aus meiner Sicht der einzig wahre Ansatz. Ich kann mich an diverse Studienprojekte erinnern, bei denen die Recherchephase die entscheidenden Impulse zur Kreation gegeben hat. Ich habe zum Beispiel im Zuge meiner Diplomarbeit die Optimierung des Computerarbeitsplatzes hinsichtlich der Balance zwischen Realität und Virtualität untersucht. Bei dem Besuch einer Multimedia-Agentur machte ich eine alarmierende Erfahrung: Die Mitarbeiter zuckten zusammen, sobald man in ihre Nähe kam, da sie so tief in den virtuellen Welten unterwegs waren. Dies motivierte mich, eine Serie multisensuale positive Störfaktoren zu entwickeln, die den Bezug zur Realität am digitalen Arbeitsplatz wieder herstellten.[1]

Eine meiner einprägsamsten Erfahrungen stammt von einem Besuch bei einer mehrköpfigen Familie im Zuge eines Creation Center Researches zum Thema Familienkommunikation. Wir haben dort erlebt, wie in einem mehrstöckigen Reihenhaus der Vater seine vier

Kinder zum Abendessen zusammengetrommelt hat: Anstatt wiederholt zu rufen, zu klingeln, zu laufen hat er als Signal die Sicherung im Stromkasten an- und ausgeschaltet, um auf – zugegebenermaßen – sehr spezielle Art seinen Kindern mitzuteilen, dass das Essen auf dem Tisch steht. Diese Umnutzung des Stromkastens als Kommunikationsgerät hätte man sich am Schreibtisch sicher nicht so einfach vorstellen können. So eine Art von unkonventioneller Familieninteraktion und frischer Inspiration für zukünftige Kommunikationskonzepte erlebt man nur live vor Ort.

» UNSER MOTTO LAUTET: ›SEEING WHAT EVERYONE HAS SEEN, THINKING WHAT NO ONE HAS THOUGHT.‹ (ALBERT VON SZENT-GYÖRGYI) «

Dies ist nur ein Beispiel für die unzähligen Innovationsprojekte im Creation Center. Der Design-Thinking-Impuls der letzten sechs Jahre zahlt sich aus: Inzwischen hat sich nicht nur das Post-it, sondern auch die nutzerzentrierte Herangehensweise wie ein Virus im Konzern verbreitet und es haben sich in den unterschiedlichsten Abteilungen der Telekom kleine Ableger des Creation Centers, sogenannte Creation Corners, gebildet. In sogenannten »Design Thinking Gyms« vermitteln wir Telekom-intern ebenfalls die Design-Thinking-Denkweise. Um innovative Ideen im Konzern wirklich auf den Weg zu bringen, ist es wichtig, diese richtig zu kommunizieren und alle Beteiligten aktiv in den Prozess zu involvieren. Entsprechend steht die Arbeit des Creation Centers auf drei Säulen: Innovation – Communication – Education.

ZUR ZUKUNFT DES DESIGN THINKING

Design Thinking wird weiter bestehen – sicher aber einen neuen Namen erhalten. Handelt es sich dabei doch nicht nur um »Design« und »Thinking« im klassischen Sinne, sondern um eine proaktive Innovationskultur mit einem disziplinübergreifenden und partizipativen Mindset. Es wird in Zukunft für viele Innovatoren ein selbstverständlicher Ansatz sein – ähnlich wie das Internet nicht mehr wegzudenken ist – und sich mit vielen anderen Disziplinen wie Scrum, Agile, Futurology und Gamification zusammengeschlossen haben.

1 http://schaugg.hdm-stuttgart.de/mj/pages/02ss/berlin/v1.html

Annie Kerguenne
Hasso-Plattner-Institut

WIE DESIGN THINKING TEIL DER UNTERNEHMENSKULTUR WERDEN KANN

»Design Thinking ist das neue Schwarz« – so würde vielleicht ein Frauenmagazin titeln. Denn die Anzahl der Artikel und Bücher zu diesem Thema ist in den letzten zwei Jahren geradezu explodiert. Design Thinking ist »hip« in den Unternehmen. Wenn wir am HPI die Kursteilnehmer und Projektpartner nach dem Grund für diesen Trend fragen, kommt in der Antwort meistens das Wort »Komplexität« vor. Komplexität und Veränderungsdruck, der mit Standard-Strategien und den üblichen Beratungstools nicht mehr so einfach zu bewältigen ist. Design Thinking hat sich in den letzten zehn Jahren von einer Methode zur Erfindung von innovativen Produkten zu einer ganzheitlichen Herangehensweise für die Lösung komplexer Probleme entwickelt. Denn wer Design Thinking einsetzt, nutzt kein punktuell wirkendes Werkzeug, sondern geht sein Problem grundsätzlich an: Er bildet komplementäre Teams, blickt aus der Sicht des Nutzers in dessen Kontext auf Probleme, formuliert eine relevante Frage und experimentiert lernend einer Antwort entgegen.

Aber was macht es eigentlich so schwierig, ein allgemeingültiges Erfolgsrezept für die Integration von Design Thinking in Unternehmen auszustellen?

»LEVEL 8«

Eine mögliche Erklärung fand ich in »Level 8« – das ist nach dem Systemwissenschaftler Kenneth Boulding der Systemkomplexitätsgrad von Organisationen, auf einer Skala von 1 bis 9 (danach kommt nur noch die Frage nach einem höheren Wesen).

Größe, Fragmentierung, Multidimensionalität und Dynamik charakterisieren Unternehmen. Komplexe Gebilde, die sich in einem komplexen und hochdynamischen Umfeld bewegen. Welche Strategie ist hier die richtige? Wir ziehen zwar aus Effizienzgründen gern das Handeln nach Checklisten vor – aber bei Innovations- und Veränderungsprozessen führt das 1:1-Kopieren von Best Cases offensichtlich nicht zum Erfolg. Das ist ein wenig so, als würde man versuchen, mit dem automatischen Parkassistenten im Verkehr am Arc de Triomphe in Paris seinen Weg finden zu wollen.

» DESIGN THINKING IST ZWAR KEIN ZAUBERMITTEL, DAS ALLES GANZ EINFACH MACHT, ABER ES HILFT, POSITIVE VERÄNDERUNG SYSTEMATISCH ANZUGEHEN. «

Die wichtigste Empfehlung von erfolgreichen Design-Thinking-Praktikern ist deshalb: »Hack Design Thinking! Create your own Best Case Study!«

Wir kennen am HPI mittlerweile viele Beispiele dafür, wie Organisationen Design Thinking als Weg für ihre Unternehmensevolution nutzen. Aus über 200 Studenten- und Firmenprojekten und den Erfahrungen von mehr als 600 Führungskräften, die jährlich in Design-Thinking-Workshops trainieren, lassen sich gute Tipps ableiten, wie man Fallen umgeht und Hürden überwindet.

Die nachfolgenden Überlegungen sind aus meinen letzten zwei Jahren Praxiserfahrung in Executive-Trainings am HPI und dem intensiven Austausch mit Design-Thinking-Praktikern aus Unternehmen entstanden.

Dabei hat mich Dirk Weimann, Head of Portfolio-Strategy & Market Research bei der Volkswagen-Gruppe, besonders beeindruckt. Er ist Co-Creator des HPI Design Thinking Programms Professional Track und seit Januar 2014 mit großer Leidenschaft und Konsequenz dabei, Design Thinking in seinen Arbeitskontext bei Volkwagen zu implementieren. Dirk Weimanns Erfahrungen zeigen auf überzeugende und anschauliche Art, wie man in einer großen, sehr komplexen und rigiden Organisationsstruktur Wandel »anzetteln« kann. Und sie sind Beispiele für ein Muster, das sich durch die erfolgreiche Implementierung von Design Thinking zu ziehen scheint und durch ein planvolles, schrittweises Vorgehen gekennzeichnet ist.

Die Voraussetzung für einen erfolgreichen Veränderungsprozess ist zunächst die grundsätzliche Erkenntnis, dass er Sinn macht. »*Man sollte sich die Frage stellen, ob man sicher sagen kann, dass man die zukünftigen Herausforderungen ohne Probleme mit den bisherigen Arbeitsmethoden bewältigen kann.*« Viele Unternehmen, die als Projektpartner oder Kursteilnehmer mit Design Thinking starten, beantworten wie Dirk Weimann diese Frage mit »Nein«. Sie erkennen, dass ein sich veränderndes Umfeld, das von dynamischer Komplexität geprägt ist, auch unternehmensintern Veränderung fordert. Die größte Frage lautet jedoch: »Wie gehen wir es an?«

SCHRITT 1: RAHMENBEDINGUNGEN FÜR NUTZERORIENTIERTE KOLLABORATION SCHAFFEN

In der ersten Phase des Wandels ist eines klar: Es muss sich etwas verändern. »Innovation«, »Evolution« und »Adaptivität« werden Teil der offiziellen Sprach-Agenden – jedoch noch ohne klare Handlungsstrategie.

»Im Dezember 2013 bekam ich einen Anruf von meinem Vorstand – ich möge doch gleich mal vorbeikommen. Er erklärte mir, es ginge um Innovation und da sei ich doch genau der Richtige als Leiter der Portfoliostrategie. Deswegen wäre ich jetzt Teil der Gruppe von Führungskräften, die ein Training in Design Thinking am HPI in Potsdam machen würden. Da er nicht viel Zeit hatte und keine Details erklären konnte, ging ich voller Fragen wieder in mein Büro zurück«, so Dirk Weimann im Rückblick auf den Beginn seiner Erfahrung mit Design Thinking. Eine seiner ersten Aktivitäten im eigenen Umfeld war die Umgestaltung seines Büros in einen Raum, der Kreativität, Interaktion und schnelles Denken fördert – Hierarchiebildung und Passivität jedoch vermeidet.

»Ich habe als erstes mein Büro und die Arbeitsform nach den Prinzipien von Design Thinking ausgerichtet und alle meine Möbel rausgeschmissen, teilweise eigene Möbel gekauft oder mit meinem Team selber gebaut. Wir sind jetzt dabei, alle unsere Arbeitsbereiche zu verändern. Als erste Maßnahme hat jeder persönlich den ihm zustehenden Schrank innerhalb von zwei Wochen auf den Flur gestellt. Das war natürlich das Gesprächsthema im gesamten Bürogebäude.«

Diese erste Phase könnte man »Verbindungsphase« nennen:

- Räume schaffen, in denen sich Teams verbinden: aus verschiedenen Abteilungen, Hierarchiestufen und Altersgruppen über interne Silos hinweg. Je mehr Eigeninitiative bei der Gestaltung der Räume ins Spiel kommt, desto größer ist der Stolz und das Gefühl »das gehört jetzt uns«. Und desto stärker die Identifikation und die Lust, in diesen flexiblen Räumen anders zu arbeiten: mit weniger PowerPoint, aber mehr visueller Kommunikation, mit konkreten Prototypen und in schnelleren Zeiteinheiten.
- Freiwillige Verbindungen fördern: Teams, die aus eigener Motivation an Themen arbeiten, die sie interessieren, verbreiten das Neue im Unternehmen:

»Die Arbeit in meinem Team hat sich grundlegend verändert. Zum Beispiel gibt es jetzt alle zehn Tage einen freiwilligen Abteilungsworkshop in dem wir mit Design-Thinking-Methoden übergreifende Themen diskutieren. Die Beteiligungsquote von rund 80 Prozent ist für mich eine Bestätigung, dass ich auf dem richtigen Weg bin. Ich werde auch von anderen Abteilungen auf diese neuen Meetings angesprochen.«

- Die Verbindung zum Nutzer herstellen, für den das Unternehmen Lösungen anbietet: *»Ich erzähle gerne von Empathie und der Notwendigkeit, sich bei einer Aufgabe/Problemlösung zunächst in die Rolle des ›Nutzers‹ zu versetzen, um alles intensiv zu beoabachten. ›The shoes of your user are the best source of inspiration.‹ Vielleicht eines der wichtigsten Dinge beim Design Thinking.«*
  Und wenn die Ergebnisse der Empathie-Arbeit für alle Kollegen im Unternehmen zum Beispiel in einem Ausstellungsraum sichtbar gemacht wird, können diese auch für andere Fragestellungen genutzt werden.

SCHRITT 2: INNOVATIONSPROZESSE STARTEN UND SYMBOLKRÄFTIGE FAKTEN SCHAFFEN

In Phase zwei werden gezielt finanzielle Ressourcen in Innovationsprojekte, Räume und Arbeitskraft gesteckt. Aktivitätenprogramme starten, mit dem Ziel »wir müssen innovativer werden«. Das größte Problem, dem Design-Thinking-»Botschafter« oder -»Pioniere« in dieser Stufe in ihren Organisationen begegnen, ist die Resistenz gegen Veränderung. Schwerfällige Prozesse und Regeln stellen sich auf die Seite der Zweifler und gegen die neuen Initiativen, die aus der Norm fallen.

Hier scheint es eine gute Strategie zu sein, im hohen Tempo Fakten zu schaffen, die den Nutzwert von Design Thinking sichtbar und erlebbar machen. Notfalls auch unter Missachtung der üblichen Wege. Ausprobieren und Lernen aus Reaktionen sind in diesem Schritt wichtige Handlungsprinzipien.

Auch Dirk Weimann ging sehr konsequent vor und schuf Fakten: *»Für mich ist der adäquate Office-Space die Voraussetzung, um kreativ und gemeinsam zu arbeiten. Die Umbaumaßnahmen waren rein formal nicht erlaubt – nur konnte ich hier keine Rücksicht auf Vorschriften nehmen, die noch aus der Zeit der Industrialisierung stammen …*

Natürlich war mir von Anfang an bewusst, dass man Kollegen oder ›dem alten System‹ Design Thinking nicht schnell und einfach vermitteln kann. Deshalb habe ich angefangen, Elemente von Design Thinking – ohne es kenntlich zu machen – in meine Arbeit zu integrieren, ich habe Dinge ausprobiert. Was gut funktionierte, hat sich ganz selbstverständlich in die Abläufe integriert.

Meine Mitarbeiter geben mir jetzt das Feedback, dass ihnen die Design-Thinking-Arbeitsmethoden für das Erreichen der guten Arbeitsergebnisse in den letzten Monaten sehr geholfen haben. Dieser positive Impact spricht für sich – und spricht sich herum.«

Auch die Projektpartner der Studenten-Tracks an der D-School nutzen in dieser Phase die Studenten-Teams als Thinktanks für strategische Aufgaben und schaffen mit den Ergebnissen in ihren Unternehmen Symbole für eine neue Kultur. In der Organisationspsychologie gelten solche »Artefakte«[1] als starke Hebel für den Beginn von Veränderung.

SCHRITT 3: DESIGN-THINKING-AKTIVITÄTEN ALS STRATEGISCHE TREIBER EINER NEUEN FÜHRUNGSKULTUR NUTZEN

Phase drei wird von Design-Thinking-Praktikern als die schwierigste gesehen. Die größte Gefahr, die hier lauert, ist die schleichende Versandung der Aktivitäten. Projekte laufen ins Leere, Erfolge bleiben punktuell und Misserfolge werden totgeschwiegen. »Design Thinking? Ja, das haben wir auch mal ausprobiert – hat nichts gebracht« – so kann die Reaktion lauten. In diesem Stadium ist es wichtig, positive Erfahrungen in der Kultur zu festigen und erfolgreiche Praktiken zu institutionalisieren. Dirk Weimann beschreibt drei wichtige Aufgaben, auf die er sich konzentriert:

1. Den Perspektivwechsel zur Sicht des Nutzers in der Unternehmensstrategie verorten: *»In der Welt meines Unternehmens werden auch strategische Themen mit den wirtschaftlichen Kennzahlen der Gegenwart entschieden. Das mag auch sicherlich gut sein, doch es verleitet sehr schnell, zukünftige Bedürfnisse und Anforderungen unserer Kunden aus dem Fokus zu verlieren. Mit Design Thinking habe ich es geschafft, die Nutzerzentriertheit in den Mittelpunkt zu stellen, und konnte somit einen gemeinsamen, strategisch verankerten Ausgangspunkt schaffen. Auf dieser Basis ist dann eine qualifizierte Diskussion über Zukunftsentscheidungen möglich. Besonders gut hat es bei einer Vorstandspräsentation funktioniert, in der ich versucht habe, eine alte – für mich falsche – Portfolioentscheidung zu revidieren. Anstatt die Zuhörer mit PowerPoint zu attackieren, habe ich einfach drei Kreise aufgemalt und erklärt, dass eine Innovation im Schnittpunkt von Wünschbarkeit, Machbarkeit und Wirtschaftlichkeit liegen muss. Das war für alle sehr einleuchtend und wurde sofort in die individuellen Diskussionsbeiträge integriert.«*
2. Als Führungskraft Vorbild sein und die Lücke zwischen abstrakter Strategie und operativem Tun schließen: Dabei kommt der zweiten Führungsebene eine besondere Bedeutung zu, denn sie hat in der Regel sowohl strategische Zielerreichung als auch operative Umsetzung zu verantworten. Ein schwieriger Spagat, der dann leichter wird, wenn das Team dem Boss vertraut. *»Ich habe gleich zu Beginn der Design-Thinking-Initiative beschlossen: Ich mache es einfach – egal welche Abläufe oder Verantwortlichkeiten*

erst mal im Weg stehen. Im Team hat jeder gemerkt: Der redet nicht nur, der meint das ernst.«

3. Projekte mit Breitenwirkung initiieren, die die neue Arbeitskultur durch die verschiedenen Ebenen und Abteilungen hinweg erlebbar machen. *»Mit meiner Kollegin, die ebenfalls Design Thinking trainiert hat, werden wir das ganze Thema Meetings neu designen. Wir alle verbringen den großen Teil unserer Arbeitszeit in Meetings. Hier können kleine Änderungen einen großen Effekt haben. Ich habe zum Beispiel die Vorbereitungsmeetings für Vorstandspräsentationen komplett umstrukturiert. Alle Beteiligten bringen nun ihre Kernpunkte auf maximal fünf Post-Its mit und wir bauen dann gemeinsam einen Prototyp der Vorstandspräsentation. Alle waren überrascht, wie schnell wir auf diese Art Konsens erreicht haben und zu einer sehr kurzen, knackigen Story kamen.«*

ZUR ZUKUNFT DES DESIGN THINKING

Aus der Sicht von Dirk Weimann: *»Ich habe Design Thinking als eine Methode kennengelernt, um innovative und kreative Lösungen für viele Arten von komplexen Problemen zu finden. Aber vielleicht das Wichtigste für mich selbst: Mit Design Thinking habe ich eine Kreativität in mir entdeckt, mit der ich alle zukünftigen Herausforderungen erfolgreich meistern werde. Davon bin ich überzeugt.«*

»Komplexität« ist zum Etikett für unser Zeitalter geworden. Design Thinking ist zwar kein Zaubermittel, das alles ganz einfach macht, aber es hilft, positive Veränderung systematisch anzugehen.

Meine persönliche Erfahrung ist, dass es zwei Kräfte gibt, die nachhaltige Veränderung erzeugen: hoher Leidensdruck – und sehr viel Spaß. Design Thinking setzt bei der Ursache des Leidens an und macht Spaß. Das hat Zukunft.

1 Weick, E. Karl; Sutcliffe, Kathleen: *Managing the Unexpected.* San Francisco 2001

Design Thinking Umgebung mit Möbeln der »DT-Line«

IV. D-SCHOOL ALUMNI

Robin Mehra
tiefenschärfe

EINE INTUITIV RICHTIGE METHODE

Als ich zum ersten Bootcamp in die HPI School of Design Thinking eingeladen wurde, fand ich eine etwa 40-köpfige Gruppe aus verschiedensten Fachrichtungen vor – darunter Biologen, Architekten, Informatiker, Designer –, die sich einer gemeinsamen Aufgabe stellen wollten: in multidisziplinären Teams Innovationen zu erarbeiten, welche nicht ausschließlich technologischen und wirtschaftlichen Anforderungen genügen, sondern vor allem ausgehend vom Nutzer und seinen Bedürfnissen entwickelt werden sollten. Das Ziel, mittels solcher Innovationsprozesse auch mehr Lebensqualität für die Gesellschaft zu generieren, entsprach so ziemlich meiner Vorstellung von »nützlichem Erfindertum«. Die Design-Thinking-Methode, wie ich sie in der D-School kennenlernte, kam meinem intuitiven Verständnis von produktivem Arbeiten sehr entgegen und fühlte sich schnell vertraut an.

Die grundlegenden Komponenten von Design Thinking, welche neben der interdisziplinären Arbeit den dafür benötigten Kreativraum und den Prozess beinhalten, gaben mir Werkzeuge an die Hand, die sich als effektiv bei der Strukturierung nicht nur von Arbeits-, sondern auch von Denk- und Handlungsprozessen erwiesen. Design Thinking trat neu in mein Leben, fühlte sich jedoch an wie ein alter Bekannter. Lange habe ich nach Design Thinking gesucht, ohne dies so artikulieren zu können. Als ich Design Thinking gefunden hatte (oder Design Thinking mich gefunden hatte), wurde mir erst klar, wonach ich eigentlich gesucht habe. Ich brauchte Design

Thinking, um das, was ich als Bauchgefühl hatte, auch wirklich verankern und framen und festhalten zu können, mir letztendlich eine strukturierte Vorgehensweise zu geben.

Allein die Bereicherung, mit Menschen aus verschiedensten Disziplinen gemeinsam arbeiten zu können, ist Grund genug, von einer tiefgreifenden Veränderung zu sprechen. In Schule und Universität wurde immer von der Schlüsselqualifikation »Teamfähigkeit« gesprochen und davon, wie wichtig diese sei. Es wurde jedoch nie aufgezeigt, wie diese Schlüsselqualifikation produktiv um- und einzusetzen sei. Design Thinking beschreibt hier einen Weg.

EMPATHIE ALS SCHLÜSSEL

Design Thinking kann man sich als ein ähnliches Unterfangen vorstellen, wie vor der Aufgabe zu stehen, einem guten Freund ein passendes Geschenk auszusuchen. Im Falle des guten Freundes sollte mir dies nicht besonders schwerfallen, denn ich kenne die Person, das heißt, ich weiß um seine Interessen, sein Alter und seine Vorlieben, ich weiß, was ihm wirklich wichtig ist und worüber er sich freuen könnte. Aber ich meine auch zu wissen, was er überhaupt nicht mögen würde oder was bei ihm einfach nicht funktionieren würde, obwohl es eigentlich eine fantastische Geschenkidee ist.

Mithilfe von Design Thinking sollen die Mechanismen eines solchen Geschenkekaufs auf andere Nutzungskontexte übertragen werden können. Um diese Aufgabe bestmöglich zu lösen, versuche ich, meine potenziellen Nutzer kennenzulernen, herauszufinden, was diese umtreibt, wie sie die Welt wahrnehmen, in welcher Lebenssituation sie sich befinden, was sie vermissen, was ihre Bedürfnisse sind. Das heißt, ich versuche mich temporär in die Nutzer hineinzuversetzen und Empathie für sie aufzubauen. Wenn es gelingt, die gewonnenen Erkenntnisse anschließend zu abstrahieren, zu synthetisieren und zu kondensieren, bietet dies eine vielversprechende Ausgangslage für die Entwicklung eines »passenden Geschenks mit Mehrwert« für die Nutzer.

Wie wichtig Empathiefähigkeit für die Entwicklung von passenden Lösungen ist, wurde mir in einem Design-Thinking-Projekt im Bereich »integrierte Gesundheitsversorgung« klar. Von einem Professor für Gesundheitsökonomik hatte ich das Angebot bekommen, mich mit diesem Thema zu beschäftigen. Als Volkswirt interessierte mich das sehr. Als Design Thinker wollte ich unbedingt daran arbeiten, da ich der Meinung bin, dass dieses Thema gewöhnlich viel zu sehr aus volkswirtschaftlicher beziehungsweise betriebswirtschaftlicher Sicht betrachtet wird. Ich gab meine Zusage, da es mir am Herzen lag, eine gute Situation für Patienten auf der Grundlage volkswirtschaftlicher Sinnhaftigkeit zu erarbeiten.

Ich hatte die Möglichkeit, mit Patienten der Onkologie zu sprechen und in ihre Nutzungserfahrung einzutauchen. Insbesondere ein Patient, der unmittelbar vor seinem verfrühten Lebensende stand, blieb mir besonders im Gedächtnis. Mir wurde klar, dass dieser Mensch in der letzten Phase seines Lebens mit vielen unnötigen Auflagen des Gesundheitssystems konfrontiert wurde, Auflagen, die nicht immer zielführend waren, Anforderungen, die es ihm sehr schwer machten, sich auf das Wesentliche seiner letzten Wochen fokussieren zu können. Dabei wäre es so einfach gewesen, diesem Patienten für die ihm noch verbleibende Zeit Lebensqualität zu gewährleisten, ohne dass das Gesundheitssystem dadurch irgendeinen Schaden, weder finanzieller noch bürokratischer Art, erlitten hätte. Als besonders schwierig erwies sich in diesem Fall die sogenannte Observationsphase. Einerseits mussten die aus dem Patienteninterview zu gewinnenden Erkenntnisse aufbereitet werden, um sie in die spätere Synthesephase inkorporieren und auf eine Metaebene heben zu können. Andererseits waren dabei starke Emotionen zu bewältigen, die nicht einfach übergangen werden konnten.

MIT DEN HÄNDEN DENKEN

Wie wertvoll es ist, gemeinsam Dinge praktisch auszuprobieren, wurde mir als Coach während eines Strategie-Workshops eines Unternehmens deutlich. Die Mitarbeiter gehörten allesamt der Management-Ebene aus verschiedenen Unternehmensbereichen an. Diese Zusammensetzung spiegelte sich in den auffällig unterschiedlichen Perspektiven der Teilnehmer wider, die sich merklich schwertaten, eine gemeinsame Sprache zu finden, um im Workshop gut zusammenzuarbeiten. Und dies, obwohl jeder Einzelne für sich gewillt war mitzuwirken, obwohl die gestellte Aufgabe für interessant befunden wurde und das Team sich in einem gemeinsamen Research-Prozess mit den potenziellen Nutzern auseinandersetzte.

Nachdem sich das Team trotz der anfänglichen Meinungsverschiedenheiten im Research-Prozess gemeinsam die Grundlagen für die Erarbeitung von Lösungen geschaffen hatte, machten sich in der anschließenden Phase der Synthetisierung erneut grundsätzliche Verständigungsprobleme bemerkbar. Die während des Researchs gewonnenen Erkenntnisse wurden von den einzelnen Teammitgliedern scheinbar so unterschiedlich interpretiert, dass sich zig verschiedene Ausgangslagen für die Generierung von Lösungen konstituierten und eine für alle akzeptable Einigung sehr schwierig schien. Trotz allem wurde mit dem Prototyping begonnen, was sich für dieses Team als äußerst produktiv herausstellen sollte.

Das gemeinsame Ausprobieren-Können, das Nachstellen von Szenarien, das Denken mit den Händen eröffnete dem Team neben der sprachlichen plötzlich eine neue Ebene der Kommunikation, die es ihnen ermöglichte, ihre Gedanken anders zu visualisieren und zum Ausdruck zu bringen. Diese visuelle, haptische sowie gegenständliche Kommunikationsebene funktionierte wie eine neue gemeinsame Sprache, in der sich das Team problemlos verständigen konnte, Gedanken von anderen aufgenommen, weitergeführt und wieder mit anderen Ideen gebündelt werden konnten. Dieser alternative Verständigungsprozess stärkte jeden Einzelnen und auch das Team und ermöglichte am Ende schließlich die Entwicklung einer von allen mitgetragenen Lösung. Was anfänglich also schwierig und fast unmöglich schien, funktionierte dann doch überraschend gut durch die Erfahrung des Prototypings.

DESIGN THINKING IN UNTERNEHMENSKONTEXTEN

Unternehmen wissen um den Innovationsdruck und möchten sich verändern, aber innerhalb des Veränderungsprozesses bleibt die Frage bestehen, wie man es schafft, dass sich die meisten der von den Veränderungen betroffenen Menschen abgeholt und eben nicht bedroht fühlen. Design Thinking soll ja nicht als Brain-wash-Anlage wahrgenommen werden, sondern es soll in den Kontext passen.

Die Organisationen beziehungsweise Unternehmen, in denen ich als Design-Thinking-Coach auftrete, befinden sich schon in einem Transformationsprozess oder wissen zumindest um die Notwendigkeit der Veränderung, wollen sie den gesellschaftlichen Wandlungsprozessen standhalten. Dennoch ist Design Thinking ein radikaler Ansatz – zumindest aus arbeitskultureller Perspektive der heutigen Zeit – und holt Menschen aus ihrer Komfortzone.

Ein höheres Maß an Eigeninitiative, Verantwortung, Interaktion mit anderen Abteilungen und vor allem mit den Kunden beziehungsweise Nutzern ihrer Produkte sind Bedingungen, die unternehmerischem Handeln im Sinne von »entrepreneurial spirit« sehr nahe kommen. In Unternehmen trifft man meist auf ausgeprägte Silokulturen, das heißt, einzelne Abteilungen arbeiten nebeneinander her, stehen nicht selten in heftiger Konkurrenz (beispielsweise um Budgets) zueinander und vergeben so mögliche Synergieeffekte. Hier kann der Design-Thinking-Ansatz einiges bewirken, da er diese Strukturen überwindet und Kollaborationen initiiert, die den Wettbewerbsdruck aus den einzelnen Abteilungen heraus nach außen verlagern. Oft ist es so, dass die Verantwortlichen einer Abteilung es anfänglich nicht einsehen, aus dem eigenen Budget Leute aus anderen Abteilungen zu bezahlen, um mit diesen in einem abteilungsübergreifenden Team im Rahmen einer Design-Thinking-Challenge zusammenzuarbeiten. Hat dieses Experiment dann überraschenderweise funktioniert und konnte die Erfahrung gemacht werden, dass neue und andere Lösungen auf alternativen Wegen erarbeitet werden können, dann wird diese Art der abteilungsübergreifenden Kollaboration fortgeführt und etabliert.

» DESIGN THINKING TRAT NEU IN MEIN LEBEN, FÜHLTE SICH JEDOCH AN WIE EIN ALTER BEKANNTER. «

Ist das Design-Thinking-Feuer entfacht, sind tatsächlich Veränderungen tiefgreifender Art möglich und auch beobachtbar, sowohl auf hierarchischer Ebene, in Arbeits- und Entscheidungsprozessen als auch im Umgang mit der Außenwelt. Die mittels Design Thinking initiierten Kollaborationsprozesse wirken teilweise wie ein Art Bottom-up-Ansatz, da Mitarbeiter verschiedener Unternehmensabteilungen in Entwicklungsprozesse involviert werden, von denen sie vielleicht erst einmal gar nicht profitieren werden. Dadurch jedoch, dass sie befragt, auf eine bestimmte Art miteinbezogen werden und an verschiedenen Entwicklungen partizipieren beziehungsweise um diese wissen, können interne Widerstände in Unternehmen abgebaut werden.

Design Thinking ist ein schnellzyklischer Prozess, und Zwischenstationen werden in Präsentationen unterschiedlichsten Abteilungen und Ebenen vorgestellt, so dass auf eine Weise ersichtlich wird, wie viel Wissen innerhalb eines Unternehmens vorhanden ist, welches gar nicht genutzt werden kann, wenn keine Zusammenarbeit zwischen den Abteilungen stattfindet. Ein auf diese Weise neu geschaffenes Bewusstsein schafft einerseits Chancen für Veränderung und kann andererseits ein Unternehmen extrem stärken. Und nicht zuletzt können Unternehmen mithilfe von Design Thinking wieder erlernen, für wen sie eigentlich Dienstleistungen und Produkte auf den Markt bringen. Das heißt, sie begreifen, dass sie die Nutzer wieder stärker in den Blick nehmen und als Ausgangs- und Mittelpunkt für weitere Technologieentwicklung verstehen müssen, anstatt nur technologiegetrieben zu agieren. Den Beginn solcher Veränderungsprozesse in unternehmerischem Denken und Handeln mitzuerleben kann zuweilen faszinierend und erstaunlich sein.

Um Design Thinking in Unternehmensprozesse einzugliedern, gibt es nichts besseres, als einfach zu beginnen. Eine theoretische Herangehensweise an das Thema Design Thinking macht zwar deutlich, warum und wie komplexe Herausforderungen auf eine andere Art und Weise gelöst werden können. Aber wie Design Thinking sich anfühlt, welche Dynamiken in Teams entstehen können, was die Auseinandersetzung mit den Nutzern, möglichen Analogien und Inspirationsquellen mit sich bringt, welche Lernprozesse beim Prototyping freigesetzt werden, das alles sind Facetten, die nur mit einer praktischen Erfahrung von Design Thinking einhergehen.

PHYSISCHE UND KOGNITIVE RÄUME

Ganz entscheidend für das praktische Erfahren von Design Thinking und die Einbindung der Methode ist die Schaffung eigener Räume in Unternehmen. Und zwar nicht ausschließlich physischer Räume – obwohl diese auch eine große Rolle spielen –, sondern Raum im Sinne von Offenheit für Innovationsprojekte und Veränderung in der gesamten Unternehmenskultur. Alles, was dazu beiträgt, dass Menschen und Teams sich frei entfalten, ist für Innovation von Bedeutung. Mit veränderten Umgebungen und Gegebenheiten werden Grundlagen geschaffen, um Menschen im Unternehmen abzuholen und neu miteinander in Verbindung zu bringen. Mir persönlich ist es beispielsweise unheimlich wichtig, dass ich beim Gedankenaustausch laufen kann. Mir wäre es am liebsten, wenn ich eine Art Kreativraum hätte, bestehend nur aus einem riesengroßen Raum, in dem nichts drinsteht. Ich brauche Wände oder Fensterglas, also vertikale Fläche, um daran arbeiten zu können, alles andere entsteht mit dem Team. Das ist zumindest mein Ideal. Ich glaube, es ist schwierig, einem Team einen festen Kreativraum vorzugeben, da jedes Team anders tickt. Ich habe schon viele Unternehmen gesehen, die für eine neue Innovationsabteilung einiges an Geld in die Hand genommen haben, um eine Umgebung möglichst kreativ zu gestalten. Und dann kommen die Mitarbeiter in diesen Design- oder Kreativraum und können sich überhaupt nicht damit identifizieren, haben im Gegenteil sogar Scheu, sich auf die Möbel zu setzen, weil die so designtechnisch perfekt aussehen. Ein Raum muss letztendlich Teil eines Teams werden, sich im Laufe der Zeit verändern und den Menschen, die sich darin aufhalten, anpassen können.

Ein weiterer zentraler Aspekt, der sich im Laufe der Arbeitserfahrung unserer Beratungsagentur tiefenschärfe mit verschiedensten Unternehmen herauskristallisierte, besteht darin, von Anfang an dem oberen Management die Sinnhaftigkeit von Design Thinking zu vermitteln. Wird »nur« auf der Arbeitsebene angesetzt, stößt man sehr schnell an Grenzen, die hierarchische Systeme mit sich bringen. Nach einem DT-Workshop neu motivierte Mitarbeiter kehren schließlich in die etablierten Strukturen ihres Unternehmens zurück und finden dort nicht immer Gehör für das neu Erfahrene, was eine Umsetzung dessen natürlich erheblich erschweren kann. Das Management sollte Design Thinking frühzeitig kennenlernen und ausprobieren, um den Mitarbeitern, die ebenfalls anfangen, sich damit auseinanderzusetzen, sofort die nötige Rückendeckung gegenüber anderen Kollegen geben zu können.

Wenn dann mit ersten Prototypen und Ideen Feedback generiert ist, wenn man feststellt, dass das Konzept in die richtige Richtung geht und es für implementierungsfähig befunden wird, sollte man die spezifischen Produktionsprozesse mitdenken. Jedes Unternehmen hat seine eigenen Produktionsprozesse und das Projekt-Team muss sich intensiv damit auseinandersetzen. In Design-Thinking-Projekten wird unheimlich viel implizites Wissen aufgebaut, und um Wissensverluste möglichst klein zu halten, ist es wichtig, die an der Entwicklung beteiligten entscheidenden Stakeholder mit einzubinden. Das ist insgesamt ein riesiges Feld, man muss Phänomene wie »Not invented here« beachten, darf nicht vergessen, dass Unternehmen und auch Menschen eine gewisse Eitelkeit mitbringen und die Anwendung oder Umsetzung noch so toller Ideen und Prototypen zunächst mit entsprechender Zurückhaltung oder sogar Ablehnung aufnehmen. Ohne Commitment, ohne Erfahrung in und mit Design Thinking werden sich hier große Probleme auftun. Deshalb sollte man aus meiner Sicht in solche Prozesse immer all die Menschen involvieren, die letztendlich dafür zuständig sind, Dinge umzusetzen.

HERAUSFORDERUNGEN

Neben den jeweils spezifischen Unternehmenskulturen gilt es bei der Implementierung von Design Thinking auch den weiter gefassten kulturellen Umgebungskontext miteinzubeziehen. Im europäischen Kulturkreis beispielsweise ist nicht nur das analytische Denken äußerst ausgeprägt, sondern auch die Geschwindigkeit sehr hoch, mit der Lösungen generiert werden – Lösungen für Probleme, die noch nicht ausreichend exploriert, verstanden, geschweige denn mit Empathie für den Zielnutzer angegangen wurden. Fragen werden beantwortet, so ist das Muster. Fragen zu hinterfragen, Fragen als Ausgangspunkt für einen qualitativen Aufbau von Verständnis, Fragen als Ausgangspunkt für Konkretisierung oder sogar Fragen, um neue Fragen aufzuwerfen – das alles sind Ansatzpunkte, die wenig Anwendung finden. Zu fest etabliert ist das Muster, aufgetragene Fragen zu beantworten, auf gar keinen Fall aber auf ihre grundsätzliche Sinnhaftigkeit abzuklopfen. Zu sehr sind wir schon von Kindesalter darin geschult, auf jede Frage eine Antwort zu geben, eine Lösung zu finden. Es gibt also schon eine kulturell gewachsene Umgebung, in der Design Thinking zuerst einmal Widerstände zu überwinden hat.

In Unternehmen stößt die Arbeit mit Design Thinking nicht selten genau dort an Grenzen, wo es darum geht, Dinge einfach auszuprobieren und Ergebnisse nicht in eine gute Richtung zu biegen, sondern bei der Sache zu bleiben und sich mit dem gegebenenfalls entstandenen Fehler auseinanderzusetzen. Dann höre ich oft, dass man so etwas seinem Chef nicht verkaufen kann. »Der raucht mich in der Pfeife, wenn ich ihm mit einem Fehler komme, der möchte Erfolge sehen.« Der Chef seinerseits muss ja auch reporten an eine nächste Stelle. Da gibt es noch Punkte oder Prinzipien des Design Thinkings, die einer Weiterentwicklung bedürfen, vielleicht noch fünf bis zehn Jahre, bis dann auch letztendlich das gelebt werden kann.

ZUR ZUKUNFT DES DESIGN THINKING

Meines Erachtens ist Design Thinking momentan (2014) Beschleuniger eines Zeitgeistes, der sich seit der letzten Dekade unaufhaltsam entwickelt. Eines Zeitgeistes, der Menschen nicht mehr nur als einseitige Arbeitsressource wahrnimmt, als »Abarbeiter« einzelner Aufgaben, sondern auf die verschiedenen Fähigkeiten eines Individuums baut und dessen vielseitige Bedürfnisse und die Überschneidungen von Lebenskontexten wahrnimmt.

Arbeit und Freizeit lassen sich in vielen Fällen nicht mehr ohne weiteres voneinander abgrenzen und der Einzelne sucht nach Möglichkeiten der persönlichen Entfaltung, die sich ebenfalls nicht nur auf die eine oder andere Sphäre beschränken soll. Der nicht unwesentlich durch technologischen Fortschritt forcierte Abbau von Wissenshierarchien trägt ebenfalls dazu bei, dass Individuen Bedürfnisse neu entdecken, artikulieren und deren Beachtung nicht nur im privaten Umfeld einfordern. Design Thinking fügt sich mit seiner Fokussierung auf den Nutzer und seine Bedürfnisse ziemlich gut in die Logik eines solchen Zeitgeistes ein.

Zudem ist der Geist von Design Thinking in den Köpfen jüngerer Generationen häufig bereits latent vorhanden. Kollaboratives und interdiszplinäres Arbeiten sind Argumente, die sehr schnell auf- und angenommen werden. Auch die Nutzerzentriertheit, das Denken mit den Händen während des Prototypings und das Zulassen einer Fehlerkultur (»fail early to succeed«) sind Aspekte, die schnell einleuchten. Insofern denke ich, dass in 20 Jahren wenig mehr über Design Thinking gesprochen werden wird, weil seine Prinzipien in den gesellschaftlichen Mainstream übergegangen sein werden. Design Thinking übernimmt dann nicht mehr die Aufgabe, komplette Veränderungsprozesse (Mindset) anzustoßen oder zu beschleunigen, sondern wird sich immer mehr zu einem Methodenbaukasten weiterentwickeln, der funktional in einer zunehmend aktionsorientierten, kompetenzübergreifenden und nutzerzentrierten Gesellschaft wirkt.

Bettina Michl
tiefenschärfe

YOGA FÜRS PROFESSIONELLE ICH

In einer meiner ersten Design-Challenges ging es darum, ein neues Wegeleitsystem für den Campus Griebnitzsee der Universität Potsdam zu entwickeln. Was sollte da schon Neues kommen, ich hatte schließlich in Potsdam mein gesamtes Hauptstudium verbracht! Aber die beharrliche Ermunterung unserer Teacher Pascal und Alex von IDEO, auch auf Details zu achten, sich nicht – wie viele Nutzer – mit dem Status quo einfach abzufinden, das Um- oder »Falsch«-Nutzen als Inspiration zu sehen, tat ihre Wirkung und ich sah den Campus plötzlich wie durch eine neue Brille. Auf einmal entdeckte ich, wie viele Verbesserungsmöglichkeiten es dort gab und wie viele Details sich als unsinnig und unnötig erschwerend erwiesen. Merkwürdigerweise endete das nicht wie üblich mit einem Achselzucken, sondern es motivierte mich. Ich war plötzlich voller Energie und Tatendrang! Ich fing wieder an zu glauben, dass auch ich die Welt mit verändern könnte. Noch heute erinnere ich mich, wie ich an einem dieser Tage Ende Oktober aus der Straßenbahn in der Kastanienallee stieg und plötzlich merkte, wie sich meine innere Haltung und Wahrnehmung verändert hatte.

Ich erkannte so viele kleine unnötige Hürden und ungünstig gestaltete oder organisierte Abläufe. Aber statt mich wie früher darüber zu ärgern oder diese vielen Umständlichkeiten versuchsweise zu ignorieren, erkannte ich darin nun Chancen! Man könnte ein Produkt aus den notwendigen Änderungen machen! Eine Dienstleistung, die sich bestimmt vermarkten ließe. Und ich empfand nicht mehr mich als das Bedienungsärgernis, sondern sah, dass das gesamte Design nicht gut war und besser auf die gerechtfertigten Nutzerbedürfnisse ausgerichtet sein müsste. Denn wenn ich als halbwegs gebildeter Mitteleuropäer nicht damit klarkam, gab es bestimmt auch etliche andere Menschen, denen es genauso ging. Es war eindeutig an der Zeit, etwas zu ändern. Und das tue ich seitdem.

Ich glaube, dass ich als Kind eines politischen Systemwechsels und Austauschschülerin diese optimistisch hinterfragende Sichtweise schon lange in mir trage, aber vielfach entmutigt wurde, sie in die Praxis aufzunehmen. Im Design Thinking habe ich menschliche Vorbilder gefunden und eine Herangehensweise entdeckt, die solche Irritationen im Alltag zulässt, sie aufnimmt und fragt, warum etwas, das nicht wirklich funktioniert, nicht geändert, den Bedürfnissen der Nutzer nicht angepasst werden kann. Es hat mir geholfen, zu sehen, dass andere auch so denken, dass diese Sensibilität sogar eine besondere Eigenschaft ist, wenn sie einfließen kann in bessere Antworten auf die kleinen und großen Herausforderungen in unserem Leben. In den meisten Fällen brauchte das nicht gleich eine Revolution zu sein, sondern ein Wandel in kleinen machbaren Schritten.

Durch die Design-Thinking-Ausbildung wurde ich ermutigt, derzeit bestehende Lösungen konsequent zu hinterfragen und sie – vor allem, wenn sie nicht »funktionieren« –, nicht einfach hinzunehmen. Diese Perspektive hat mich sensibilisiert für Dinge, die nicht besonders menschenfreundlich konzipiert und umgesetzt sind, und hat mich unternehmerisch motiviert, sie mit Kollegen oder Freunden zu verändern. Und es hat ein Gefühl entstehen lassen für die eigene Verantwortung, mich und meine Fähigkeiten stärker mit einzubringen in das, was mich in meinem Leben, in meinem Beruf umgibt. Es hat mich erkennen lassen, wie sinnlos Jammern ist und was von Einzelnen und mehr noch in Gruppen an vorhandenen »Ärgernissen« im alltäglichen Ablauf verändert werden kann. Ich habe gelernt, wo ich dazu beitragen kann, tatsächlich Verbesserungen zu erreichen, und wann es gilt, mich der Realität, wenn auch nicht kampflos, zu ergeben.

EMPATHIE UND EXPERIMENTE

Design-Thinking-Projekte sind für mich angewandtes Innovationsmanagement. Vieles von dem, was beim Innovationsmanagement als *best practice in innovation* vermittelt wird, kann man sich zwar in der Theorie aneignen. Es aber zu leben ist etwas ganz anderes. Das ist so wie ein Buch über das Schwimmen zu lesen. Zu lernen, wie Verdrängung hier am Werke ist, welche Techniken bestimmte Vorteile haben, dass Gewässer bei Gewitter zu meiden sind. Alles notwendig zu wissen und manchmal auch lebenswichtig, aber ohne die Bewegungen physisch einzuüben, ins Wasser zu springen, Unsicherheit auszuhalten, Auftrieb zu spüren, wirklich loszulegen, wird man schwimmend nie andere Ufer erreichen. Der Mut zum Sprung, zum Ausprobieren geht mit jeder zusätzlichen PowerPoint- und Erklärungsrunde immer mehr verloren.

Neben dem Ansporn zum Tun ist eine weitere Hürde hier oft die Frage des *Wie*. Wie behandle ich konkret ein bestehendes Problem mit den Ressourcen, die ich habe? Wie sieht ein pragmatisches und doch halbwegs verlässliches Vorgehen aus? Wie genau organisiere ich abteilungsübergreifende Zusammenarbeit mit einem interdisziplinären Team? Wie unterstütze ich die produktive Kollaboration von talentierten Entwicklern mit versierten Verkäufern, wenn beide Seiten komplett anders kommunizieren und arbeiten? Wie stelle ich Verständigung im Team sicher, wenn die alten Hasen ganz anders interagieren als die digital sozialisierten Berufsanfänger? Was macht diverse Teams arbeits- und entscheidungsfähig? Wie löse ich Konflikte konstruktiv, ohne die hierarchische Keule? Wie gehe ich ein Projekt unter Unsicherheit an, wenn ich es gleichzeitig meinen Vorgesetzten und skeptischen Kollegen als sinnvoll verkaufen muss? Hierzu gibt es unzählig viele Empfehlungen, aber selten Räume, sie einzuüben. Design-Thinking-Projekte mit einer anfänglichen Moderation helfen den Beteiligten nach meiner Erfahrung, diese Fragen in kleinen Experimenten für sich in der Praxis zu beantworten.

Neben der Teamarbeit ist *Kunden*orientierung im Sinne der Maxime »Der Kunde ist König« eine zentrale Größe in der Managementliteratur und -rhetorik. Auch hier ist die praktische Herausforderung, dies durch und durch zu leben. Jemand, der jahrelang effektiv und zielorientiert Produkte und Dienstleistungen basierend auf disziplinären Traditionen, Technologietrends und der Organisationserfahrung des Unternehmens entwickelt hat, soll auf einmal die Perspektive von Nutzern einnehmen. Er oder sie soll nun deren »Benutzungsfehler« akzeptieren, Motive und Anforderungen, ja sogar den weiteren Lebens- und Arbeitskontext reflektieren! Vermeintlich wertvolle Zeit verschwenden, um erst im zweiten Schritt virulente Probleme, aber auch latente Bedürfnisse mit einer passenden Technologie zu lösen, also ein im echten Sinne *nutzer*orientiertes Produkt zu entwerfen. Und damit langfristig Kunden zu binden. Ein wesentliches Merkmal von Design Thinking ist, dabei die nötige Empathie mit manchmal schwierigen Zielgruppen aufzubauen, sich Zeit zu nehmen und nicht sofort nach konkreten Wunschattributen eines zukünftigen Angebotes zu fragen, sondern auch wahrzunehmen, was um die eigentliche Benutzung herum passiert. Ganz nebenbei inspiriert dies zu vielen angrenzenden Dienstleistungen und beleuchtet unerkannte Nischenmärkte.

Um Fachfremden zu erklären, was Design Thinking ausmacht, bediene ich mich zur Veranschaulichung gern eines Beispiels: Sie sind auf der Suche nach einem persönlichen, aber auch überraschenden Geschenk für eine alte Freundin. Mit viel Geld könnten Sie sicher etwas Tolles finden, aber Ihre Mittel sind begrenzt. Das Geschenk soll aber auf jeden Fall persönlich sein, damit Ihre Wertschätzung auch wirklich zum Ausdruck kommt. Nichts ist enttäuschender, als 08/15-Geschenke zu erhalten, gerade wenn man sich lange kennt.

Natürlich könnten Sie einfach etwas vom Wunschzettel kaufen. Damit wird die Freundin wohl in jedem Fall zufrieden sein. Problem also gelöst. Aber wird sie auch wirklich begeistert sein? Wird sie sich dieses Geschenk merken? Wird es ihre Wertschätzung Ihnen gegenüber stärken? Wird es für sie ein Grund sein, Sie auch unter widrigen Umständen zu unterstützen, Ihnen trotz der vielen attraktiven Wettbewerber um ihre Aufmerksamkeit weiterhin ihre Gunst zu schenken? Wohl nicht. Denn Erwartetes begeistert nicht. Der positive Effekt auf die Beziehung ist gering und nur kurzfristig. Das ist einer der Gründe, weshalb viele Marktforschungsansätze in der Neuproduktentwicklung zu kurz greifen. Sie verlassen sich zu stark auf explizite Aussagen der doch auch kurzsichtigen Verbraucher.

Um nun dieser Freundin das Gefühl zu vermitteln, verstanden zu werden, muss ich mich in sie hineinversetzen. Wie lebt sie, was nervt sie, was wünscht sie sich? Was versucht sie zu erreichen? Was würde ihren Alltag erleichtern? Dazu muss ich die Gelegenheit suchen, sie in ihrer Umgebung zu beobachten und mich mit ihr zu unterhalten. Offen auch neue Seiten an ihr kennenzulernen, ohne direkte Agenda meinerseits, aus reinem Interesse ihr gegenüber. Nur so kann ich herausfinden, was sie antreibt, welche Bedürfnisse und aktuellen Prioritäten sie hat, und erahnen, welche latenten Wünsche sie hegt. Erst dann werde ich überlegen, wie ich diesen intelligent und kreativ begegne, mit den Ressourcen, die mir zur Verfügung stehen.

Und was hat das mit Organisationen, Wettbewerbsfähigkeit oder Innovationskultur zu tun? Für viele Organisationen sind Kunden und Anspruchsgruppen wie langjährige Bekannte, deren Loyalität selbstverständlich geworden ist. Erst wenn Marktanteile schwinden, erkennen sie, dass sie lange nicht mehr in die Beziehung investiert haben. Insbesondere in unserer sich so schnell wandelnden und vernetzten Welt ist es ratsam, öfter einen frischen Blick auf die eigenen Kunden, Nutzer, Wähler oder Mitarbeiter zu werfen, um Veränderungen in deren Verhalten zu antizipieren und frühzeitig zu beantworten. Diese intensive Beschäftigung mit dem Nutzer sollte jedoch nicht nur als Mittel zum Zweck gesehen werden. Nach meiner Erfahrung ist sie eine einzigartige Möglichkeit, den Sinn hinter unserer tagtäglichen arbeitsteiligen Aufgabenerfüllung zu erkennen. Mithilfe dieses Ansatzes sind echte, widersprüchliche und liebenswerte Menschen wieder in den Mittelpunkt meiner Arbeit gerückt.

NUDELSUPPEN-FIASKO

Wenn es darum geht, das Besondere von Design Thinking zu beschreiben, äußert sich das oft über Teamdynamiken. Die allererste Aufgabe in der D-School war es, die Fastfood-Nudelsuppe zu revolutionieren. Die Teilnehmer gingen raus, stürmten den Asiamarkt am Alexanderplatz, probierten alle möglichen Varianten von Udong, lasnudeln, Soba und Ramen, machten Verkostungen mit leidenswilligen Freunden und teilten diese Erkenntnisse im Team. Das Projekt war multidisziplinär angelegt, vorschriftsmäßig divers in Alter und Geschlecht, jedoch beherrscht von einem Alphatier. Wir konnten uns nur schwer einigen, in welche Richtung wir das Problem lösen sollten, wir waren gespalten, welche der Lösungen aus dem Brainstorming wir visualisieren sollten, und als es dann an das Einholen von Feedback ging, taten wir alles, um das tatsächliche Testen zu vermeiden. Und das hatte seinen Grund. Wir glaubten selbst nicht an die Lösung! Wir hatten uns der Autorität unseres Team-Kollegen gebeugt, wir hatten nicht für die vorsichtiger formulierten »Beta«-Ansichten gekämpft und ahnten, dass die »geniale Idee« (eines Einzelnen) an der Lebensrealität vorbeigehen würde. Aber der Prozess und ein gewisser Gruppenzwang verlangten den *reality check*. Also gaben wir uns einen Ruck, machten uns ernsthaft an die Testphase und stellten den »mobilen solarbetriebenen Nudelsuppenkocher fürs Fahrrad« in Amateur- und Expertenforen vor, fragten persönlich nach Feedback in Sportgeschäften und bei Outdoor-Ausstattern. Es war vernichtend! Es war peinlich. Und wir haben viel gelernt!

Nach diesem Erlebnis hatten moderate Charaktere unter uns verinnerlicht, dass in zentralen Momenten Reibung und Konflikte wichtiger sind als halbherzige Teamentscheidungen, die nur getroffen werden, um im Zeitplan zu bleiben. Den von Technik faszinierten Teammitgliedern wurde klar, dass visionäre Ideen noch keinen Mehrwert bedeuten, wenn sie sich nicht auf prominente Bedürfnisse in der jeweiligen Nutzungssituation stützen. Ja, mobile Sonnenlichtnutzung zum Erhitzen von Nahrung war cool, aber für Radler kein prominentes Bedürfnis. Und schließlich haben wir alle erlebt, dass schnelle Praxistests unsinnige Produktentwicklungen stoppen können und dadurch vielleicht die besseren Ideen der ruhigeren Teammitglieder eine zweite Chance bekommen. Und das war es auch, was uns in unserem erfolgreichen Abschlussprojekt mit der Metro AG geholfen hat. Wir sind dem Konflikt nicht ausgewichen. Wir haben aus den ersten Feedback-Runden gelernt und sind einen großen Schritt zurückgegangen, wir haben unsere individuellen Wünsche dem gemeinsamen Ziel (und Feedback) untergeordnet. Wir hatten als Team *creative confidence* erlangt.

Was Design Thinking für mich ausmacht, ist diese offene und trotzdem ernst gemeinte, anstrengende, wiederkehrende Auseinandersetzung mit Menschen, als Nutzern und Kunden, aber auch als Kollegen und Vorgesetzten. Der bewusste Umgang mit Fehlern als einziger Weg, wirklich zu lernen. Die Ambition, physische und mentale Räume so zu gestalten, dass sie gleichberechtigte Teamarbeit, kreatives Tätigsein, echtes Querdenken und intelligente Lösungen katalysieren. Und das persönliche Glücksgefühl, an sinnvollen Produkten für echte Menschen zu arbeiten.

ANDERS FÜHREN – ANDERS ENTSCHEIDEN

Design Thinking ist erfahrungsgemäß ein echter Stresstest für die Unternehmens- und Führungskultur. In Unternehmen gibt es nach meinem Erleben Projektleiter, die sich sehr gut rausziehen können, gleichzeitig in Arbeitsphasen gut zu vermitteln verstehen, die offen für Feedback sind und die wollen, dass ihre Kollegen gleichberechtigt mitmachen. Für sie ist dieser Ansatz ein sehr wirksames Mittel, Innovationsprojekte voranzutreiben.

» ANALYTISCHE MENSCHEN WERDEN ZUM TUN ANIMIERT, PRAKTIKER WERDEN ZUR ANALYSE UND SYSTEMATIK ANGEHALTEN. «

Dann gibt es aber auch Teamkonstellationen, in denen man merkt, dass alle ein bisschen unsicher sind, weil der Chef oder der hierarchisch am höchsten Stehende noch nichts gesagt hat. Es ist sehr abhängig von der Unternehmenskultur und dem jeweiligen Führungsstil, inwieweit tatsächlich kollaborativ gearbeitet und entschieden wird. Gerade in der angelsächsischen und nordeuropäischen Kultur habe ich Individuen getroffen, die von sich aus eine andere, neue Art von Führung leben, in der sie nicht zwangsläufig das letzte Wort haben. Das fordern wir in unseren Beratungsprojekten explizit ein. Denn der im Design Thinking grundlegende Fokus auf den Nutzer birgt zum Beispiel für das Team die Möglichkeit, zu erkennen, dass seine Einschätzung der Nutzerperspektive abweicht von derjenigen der Führungskraft. Hier kommt es auf die Führungsqualitäten des Abteilungsleiters an, ob er sich überzeugen lässt oder ob er seine möglicherweise aus einem tieferen Marktverständnis resultierende Skepsis gut vermitteln kann. Wir schalten dann gern den Nutzer oder andere Anspruchsgruppen als Schiedsrichter ein. In solchen Fällen hilft, nicht nur zwischen »Ja« und »Nein« zu entscheiden, sondern mehrere mögliche Wegen zu definieren, von denen einige stark vom Nutzerbedürfnis und andere von der Unternehmensstrategie aus priorisiert werden. Dann kann man im Testing sehen, ob sich Gemeinsamkeiten ergeben oder ob einer der beiden Prototypen oder eines der Konzepte ganz klar besser funktioniert. So wird analytisch im Vorhinein nur die grobe Richtung skizziert und dann im Kleinen durch das Tun entschieden. Durch kleine Experimente manifestiert sich so Schritt für Schritt die richtige Richtung. Ein schnelles operatives Entscheiden vom Team verlangt jedoch mehr Vertrauen und eine offenere Führung.

Seitdem ich Design Thinking kennengelernt habe, folge ich in allen meinen Projekten immer zuerst der Frage: Für wen ist eine Entwicklung relevant? Was sind mögliche Märkte? So habe ich mich entfernt von der modelllastigen, langwierigen Politik- oder Managementberatung und mich hinbewegt zu konkreter Produkt- und Dienstleistungsentwicklung. Ich habe anfassbare Produkte und essbare Prototypen mitentwickelt. Die pragmatische, handlungsorientierte Arbeitskultur im Design Thinking hat mich dazu gebracht, unkonventionelle Wege auszuprobieren und mich nicht so schnell von Hierarchien, Traditionen und Routinen bremsen zu lassen. Inzwischen leite ich vor allem Projekt-Teams an und lebe Design-Thinking-Werte vor. Und obwohl das weniger handfeste Resultate zeitigt, erlebe ich oft Freude oder Stolz in den Augen der Menschen, denen ich diese Haltung im Denken und Arbeiten nahebringe. Und das ist jedes Mal ein wunderbares Erlebnis.

INNOVATION IST EIN SOZIALER PROZESS

Wenn ich vor Ort mit den Teammitgliedern arbeite, passiert extrem viel gleichzeitig, mit den Menschen, in den Arbeitskontexten und Prozessen. Aus größerem Abstand übersieht man das schnell. Positive Veränderungen verblassen, hierarchische Strukturen erobern ihre

Deutungshoheit zurück und bestehende Organisationslandschaften scheinen unverändert. Und ich glaube trotzdem, dass sich ein Wandel vollzieht. Auch wenn er von außen noch nicht erkennbar ist. Auch wenn die Frage der Auftraggeber und Initiatoren nach messbaren Ergebnissen noch unbeantwortet bleibt.

In meinem früheren Beruf habe ich gelernt, bei Innovationen und der damit einhergehenden notwendigen Kulturveränderung, dem Wandel von Einstellungen und Verhalten, Geduld mit der Bewertung und Erfolgsmessung zu haben. Nur weil es sich um Neues handelt, muss es sich nicht auch schnell einstellen. Im Gegenteil: Auf die Frage: »Wie kommt Neues in die Welt?« würde ich inzwischen antworten: »Überraschend! Aus ganz unerwarteten Richtungen! Und verblüffend langsam!« Man könnte sagen, erst muss man an das Neue glauben, dann wird es auch passieren. Und irgendwann werden wir und andere es merken!

Mich selbst hat Design Thinking vervollständigt, weil es meinen eigenen inneren Widersprüchen Raum und Berechtigung zurückgegeben hat. Bei dem, was ich heute tue, erlebe ich mich weniger zerrissen und selten fehl am Platze. Statt wie früher meinen analytischen Seiten im Beruf und meinen kreativen Talenten im Privaten zu folgen, kann ich heute alles vereinen, was mich sehr ausfüllt und begeistert. So sehr, dass eine schwere Krankheit vor vier Jahren – für viele ein Auslöser, ihr Leben zu ändern – mich sogar bestärkt hat, diesen Weg weiterzugehen.

Ich habe viele Menschen seit der D-School getroffen, die ähnlich vielseitig und suchend sind, die neue ungewöhnliche Wege gehen und ihre Aufgabe im Leben suchen, positive Veränderungen bewirken wollen, mutig sind und Spaß haben. Das motiviert und inspiriert mich immer wieder aufs Neue! Man könnte sagen, ich habe meinen Teich gefunden.

Obwohl mir berufliche Verlässlichkeit und materielle Sicherheit nach traumatisierenden Nachwendeerlebnissen in Ostdeutschland so existenziell wichtig waren, hat mich der Glaube an Design Thinking ermutigt, die Unbill der ersten (Gründungs-)Jahre unserer Agentur zu ertragen. Ich bin von einer Arbeitsweise angesteckt worden, in der ich Sinn gefunden habe. Außerdem habe ich bemerkt, wie zufrieden eigenverantwortliches Handeln und direktes Feedback machen kann. Das könnte und wollte ich jedoch nie allein erleben. Daher bin ich unglaublich dankbar, nach verschiedensten Team-Konstellationen und anstrengenden Rekombinationen einen großartigen Kollegen und Geschäftspartner gefunden zu haben.

Inzwischen ist es uns wichtig, nicht nur kurzfristig zu inspirieren und nutzerzentriertes Handeln bei unseren Partnern punktuell zu ermutigen, sondern die Projekt-Teams auf ihrem Weg zu begleiten und die richtigen Räume – organisatorisch, mental und physisch – für bleibende Veränderung zu designen. Damit nicht alle von Design Thinking Beseelten enttäuscht ihre Organisation verlassen, sondern deren Wandel aktiv mitgestalten.

In unserem Unternehmen tiefenschärfe haben wir mit eigenen Design-Projekten angefangen: Wir haben Dienstleistungen entwickelt und sie dem Kunden verkauft, teilweise operativ bei der Umsetzung geholfen. So spannend diese Arbeit war, so haben wir doch schnell erkannt, dass es auch schwierig ist, wenn man mit Ideen und Konzepten von außen kommt und das typische Problem des »*Not invented here*« lösen muss. Deswegen haben wir unser Vorgehen geändert. Heute unterstützen wir Unternehmen und Teams hauptsächlich dabei, ihre Produkte selbst, aber auf eine andere Art und Weise zu entwickeln.

Was meiner Ansicht nach häufig unterschätzt wird, ist, dass Innovation ein sozialer Prozess ist. Keiner weiß genau, in welche Richtung die Veränderung geht, jeder bewegt sich aus einem bekannten Terrain weg. Daraus können schnell Konflikte entstehen, die im Team jedoch typischerweise eher ignoriert oder ertragen werden, bis am Ende in der Regel der Chef oder der Durchsetzungsfähigste die

Situation auflöst. Das kann funktionieren, nach meiner Erfahrung setzen sich auf diese Weise aber nicht notwendigerweise die besten Ideen durch, sondern einfach die, die am lautesten formuliert wurden. Demgegenüber hat Design Thinking viele Methoden, solche für einen Innovationsprozess im Grunde sehr wichtigen Konflikte aufzugreifen und konstruktiv zu wenden. Anstatt zum Beispiel stundenlang kontrovers zu diskutieren, um herauszubekommen, wer am Ende (vielleicht) recht hat, werden unterschiedliche Konzepte einfach ausprobiert oder die Entscheidung wird, wenn es sinnvoll erscheint, dem potenziellen Nutzer überlassen. Die Chance, auf solchem Wege zufriedenstellende Lösungen zu finden, scheint mir ungleich größer als bei einer Entscheidungsfindung durch Autorität oder Penetranz.

Wer es ausprobieren und in seinem Unternehmen einsetzen möchte, sollte jedoch selbst auch offen sein. Denn Design Thinking ist für mich mehr als eine Innovationsmethode, es birgt das Potenzial, ebenso sich selbst zu wandeln. Man beginnt nicht nur, die uns alltäglich umgebenden Prozesse und physischen Umgebungen zu hinterfragen, sondern spürt die mentalen Hürden ebenfalls bei sich selbst und bei anderen. Design Thinking ist wie Yoga fürs professionelle Ich. Die demokratische, am Nutzer als neutraler Instanz orientierte Arbeitskultur ist sehr ausgleichend. Die extrovertierten, übersprudelnden Charaktere finden in den besonnenen ruhigen Team-Mitgliedern und in dem hinterfragenden, nutzerzentrierten Beginn eine solide Basis. Darauf aufbauend können sie ihre Experimentierlust, ihren Ideenreichtum und ihre Präsentationstalente perfekt im Sinne des Projektes einbringen. Für sie wirken zuverlässige Teammitglieder und regelmäßiges Nutzer-Feedback als wichtige Orientierungs- und Durchhaltehilfe. Die ntrovertierten, grüblerischen Naturelle hingegen profitieren von der Ermutigung und den verstärkenden Signalen ihrer Team-Kollegen. Ihr sensibles Zuhören bedingt wiederum eine gelingende Nutzerinteraktion und damit ebenso zentralen Mehrwert.

Zögernde, vorsichtige Einwände wirken oft ausgleichend, führen zu richtungsweisenden Diskussionen und zu ansonsten leicht zu übersehenden Details. Und wie im Sport ist lebenslanges Feilen an der Technik, das Arbeiten an der eigenen Haltung und das Durchhalten in Zeiten fehlenden sichtbaren Fortschrittes das Geheimnis wahrer Meisterschaft.

ZUR ZUKUNFT DES DESIGN THINKING

Same same but different. Mit Zukunftsvorhersagen zum Design Thinking bin ich eher vorsichtig. Ich mag gerade die Gegenwartsbezogenheit und den Jetzt!-Fokus im Design Thinking. Trotzdem denke ich, viele der Techniken und die Haltung passen optimal in unsere postindustrielle Welt mit ihren Herausforderungen an Organisationen und Individuen. Vieles von dem, was wir jetzt erleben – systemische Komplexität, schnelle Fortschritts- und Entwicklungszyklen, Digitalisierung und Individualisierung –, wird sich verstärken und in weitere Bereiche ausbreiten.

Design Thinking stützt sich nach meiner Erfahrung auf *Empathie* und *Experimente*. So entsteht sein Potenzial, Komplexität handhabbar zu machen und sogar in innovative Lösungen zu übersetzen! Weil es an den richtigen Stellen Fragen ermutigt, verfrühtes Antworten aufhält und die Vielfalt wahrnimmt, dann aber die anstrengende Vielfalt von Optionen reduziert und damit Energie, die sonst in nervenaufreibende Entscheidungsprozesse geflossen wäre, in die Umsetzung weniger Lösungen lenkt. Deshalb ergibt sich in gut gemischten Teams dieser wunderbare Effekt wahrer Synergie. Analytische Menschen werden zum Tun animiert, Praktiker werden zur Analyse und Systematik angehalten.

Daher wird Design Thinking noch eine Weile relevant sein. Und es wird sich ändern und dann umgetauft werden in Design Doing, später in Design Feeling oder Agile Acting, dann bestimmt in Adaptive Being, Smart Failing oder Dynamic Learning und Holistic Creating. Design Thinking in 20 Jahren? My bet: Teams working … Same same but very different!

Johannes Meyer
HPI Academy

DIE SEHNSUCHT NACH EINER KOLLABORATIVEREN ARBEITSKULTUR

Um Design Thinking zu erklären, sage ich meist so etwas wie: Sieh dich um – alles, was Menschen gemacht haben, ist designt. Nicht nur physische Dinge, sondern auch Erlebnisse, Prozesse, manche Gefühle. Man kann das gut machen oder weniger gut. Design Thinking ist eine Arbeitskultur, die den klassischen Design-Prozess nutzt, um Teams in ihrer Domäne zu guten Designs zu verhelfen. Das Ganze ist nicht im engeren Sinne neu und es ist auch ziemlich leicht zu verstehen. Aber es ist nicht so einfach umzusetzen. Mein Vater, der in den 1980er Jahren am Bauhaus Dessau Ingenieur war, sagt dazu: »Das kommt mir sehr bekannt vor.« Und natürlich hat er recht. Design Thinking ist die Demokratisierung einer lang existierenden Denk-Kultur, die Methoden und Herangehensweisen des Designs für jeden zugänglich macht. Design Thinking gibt Menschen das Selbstbewusstsein, etwas verändern zu können, und dieses Gefühl macht unglaublich zufrieden. Inzwischen habe ich Design Thinking an unglaublich vielfältigen Themen funktionieren sehen. Ich habe mit Teams an Erlebnissen für Handwerker, Hundebesitzer, Jungwähler, allein reisende Kinder, Bankkunden, Lokführer und viele, viele andere gearbeitet und immer Dinge entdeckt, auf die keiner durch pures Nachdenken hätte kommen können. Der Kontakt mit Nutzern, das empathische Eintauchen in die Lebenswelt anderer Menschen, ist einfach das Inspirierendste, was es geben kann.

Am einprägsamsten sind Projekte, die die Arbeitsweise von Menschen und ihren Umgang miteinander verändern. Wir hatten Teams, in denen es nach Tagen intensiver Arbeit und der Etablierung einer guten Feedback-Kultur vor Aufwühlung Tränen gab und die Teilnehmer das Gefühl hatten, einen ganz neuen Chef zu haben. Ich kenne Menschen, die nach gemeinsamer Arbeit ihren Job stark hinterfragt, teilweise sogar gekündigt haben und jetzt großartige, selbstbewusste Innovatoren sind. Beeindruckend finde ich auch immer, wenn Menschen in kurzer Zeit unglaublich viel über Nutzer lernen, die ganz anders sind als sie selber. Nach einem Projekt über das Kundenerlebnis bei den Arbeitsagenturen hatte die Gruppe, allesamt Akademiker und Führungskräfte, Dinge gelernt, die wir so schnell nicht vergessen werden.

» DESIGN THINKING IST DIE DEMOKRATISIERUNG EINER LANG EXISTIERENDEN DENK-KULTUR, DIE METHODEN UND HERANGEHENSWEISEN DES DESIGNS FÜR JEDEN ZUGÄNGLICH MACHT. «

Zu sehen wie sich Design Thinking in anderen Kulturen entfaltet, ist ebenfalls hochspannend. Ein absolutes Highlight war es, die Design-Thinking-Initiative Genovasi in Malaysia mit aufzubauen. Fantastische Menschen, die die Methoden mit riesigem Interesse in ihren kulturellen Kontext übertragen – und inzwischen eine der größten Design-Thinking-Institutionen der Welt aufgebaut haben! Wer mich trifft, kommt außerdem gar nicht daran vorbei, dass er ungefragt Teil von meinen Produkt- und Service-Design-Analysen wird. Ich sehe überall Dinge, die nicht perfekt sind, die man »redesignen« könnte.

FANG MIT EINER KLEINEN FRAGESTELLUNG AN!

Bei SAP habe ich an Produktinnovationen gearbeitet, von denen man inzwischen hier und da Ergebnisse in echter Software sehen kann. Ich habe mich danach bei der HPI Academy zum Programm-Designer entwickelt und gestalte Innovationserlebnisse für Teams aus Unternehmen. So bin ich meist mehr Katalysator als Innovator zukünftiger Produkte oder Prozesse. Es gibt eine ganze Sammlung von Organisationen, deren Produkte und Dienstleistungen sich in meinen Workshops in der einen oder anderen Weise entwickelt haben. Und die entlang meiner Moderation neue Geschäftsmodelle, Services, Features, Marken entwickelt haben. Aber vor allem gibt es eine ganze Menge Organisationen, in denen sich seit unserer Arbeit in der Problemlösungskultur etwas getan hat.

Jemandem, der sich für Design Thinking interessiert, empfehle ich das kompakte Buch, das ich mit meinem SAP-Kollegen Jochen Gürtler geschrieben habe. Es bietet einem in etwa einer Stunde Lesezeit einen Überblick über die Grundgedanken und eignet sich aus meiner Sicht, um etwas klarer zu sehen. Darüber hinaus gilt aber: Nur durch Erleben kann Design Thinking wirklich gelernt und angewandt werden. Unsere Open Courses empfinden Teilnehmer als sehr eindrücklich, weil sie Interessierte in nur drei Tagen schon wirklich handlungsfähig machen.

Wer Design Thinking im eigenen Kontext starten will, dem würde ich raten: Fang mit einer kleinen Fragestellung an, die sich auf Menschen bezieht und deren Antwort du wirklich nicht kennst. Überleg dir, wer die Nutzer sind und stell ihnen wirklich offene Fragen zu ihrer Art, aktuell mit der Situation umzugehen. Der Rest passiert dann fast von selbst.

In Deutschland gibt es viele Unternehmen, die auch ohne Design Thinking seit Jahrzehnten erfolgreich und marktführend sind. Viele dieser Organisationen ziehen ihre ganze Innovationskraft aus technologischer Exzellenz und Expertise. Für Menschen aus solchen Unternehmen ist Design Thinking manchmal gewöhnungsbedürftig und es muss gut kommuniziert werden. Gleichzeitig gibt es aber, glaube ich, gerade in unserem Land eine starke Sehnsucht nach einer kollaborativeren, positiveren Arbeitskultur. Viele haben genug von Stechuhr, »geht nicht« und Silodenken und merken, dass sie damit nicht mehr agil genug sind. Deswegen schlägt Design Thinking gerade so unglaublich ein. Aber natürlich gibt es immer noch viele Organisationen und Abteilungen, die wir nicht erreicht haben, und auch solche, für die Design Thinking nicht das Richtige ist. Wir wollen ja auch die berühmte deutsche Ingenieurskunst und ihre Gründlichkeit nicht abschaffen, sondern Design Thinking da nutzen, wo damit wirklich Wert gestiftet werden kann.

ZUR ZUKUNFT DES DESIGN THINKING

In der Zukunft wird es, glaube ich, eine ganze Reihe von neuen Namen und Begriffen geben, die eine ähnliche Arbeitskultur beschreiben. Vielleicht verschwindet auch das methodische Konstrukt Design Thinking als eine Art, Menschen Zugang zu Design-Werkzeugen zu geben. Im besten Fall, weil viele gelernt haben, intuitiv so zu arbeiten.

Was nicht verschwinden wird, ist die Begeisterung von Menschen für hervorragende, nutzerzentrierte Erlebnisse. Egal also, wie sich Design Thinking als Bewegung oder Diskurs entwickelt: Im globalen Markt schwinden die Vorteile, die durch Effizienz und Kostenminimierung erzielt werden können. Deshalb werden Organisationen noch stärker darauf setzen, einzigartige, zumindest aber schmerzfreie und im besten Fall begeisternde Erlebnisse zu gestalten.

Darüber hinaus drängt eine Generation von Menschen auf den Arbeitsmarkt, die hohe Ansprüche an erfüllende, sinnstiftende Jobs in Organisationen mit einer partnerschaftlichen Kultur haben. Auch von dieser Seite wird es also Druck auf Organisationen geben, ihr Umfeld entsprechend zu gestalten.

Meine Prognose ist: Wie auch immer wir es nennen werden, an der Mentalität Design Thinking werden wir nicht vorbeikommen.

Simon Blake
launchlabs

TANGO TANZEN MIT KOMPLEXEN HERAUSFORDERUNGEN

Es ist eine Koexistenz aus spielerischer Leichtigkeit und ergebnisbezogener Geschwindigkeit, die das Design-Thinking-Erlebnis so spürbar prägt. Ausgesprochen effizientes Vorgehen verbindet sich mit spielerischer und oft ungerichtet wirkender Arbeitsatmosphäre. Design-Thinking-Projekte entwickeln sich im unbeschwerten, inspirierenden Miteinander, obwohl es oft sehr harte Themen sind, die bearbeitet werden. Diese scheinbaren Gegensätze machen das Besondere des Design Thinking im Business-Kontext aus. In anderen Bereichen gibt es diese Gegensatzpaare auch und sie werden als ganz normal empfunden. Wie zum Beispiel im Hochleistungssport, und hier am deutlichsten beim Fußball: Die Spieler geben – idealerweise – Höchstleistung, wobei die richtigen Stars, die eigentlichen Genies, sich durch einen besonderen Spielwitz, eine Form der spielerischen Leichtigkeit auszeichnen. Diese Kombination gilt im Business-Bereich, wie ich glaube, immer noch als unvereinbar.

Der besondere Charakter von Design Thinking drückt sich bereits in der besonders gestalteten räumlichen Umgebung aus, einer Lernumgebung, in der Austausch durch Erleben generiert wird. Das gilt für die D-School, für mein eigenes und all die anderen Unternehmen, die sich solche Umgebungen geschaffen haben. Dort schreit alles nach: »Probiere aus! Trau dich, etwas durchzuspielen, von dem du nicht weißt, ob es wirklich gut, wirklich die beste Option ist. Du bist in einer geschützten Umgebung, das heißt, du holst dir maximal einen blauen Fleck, aber du brichst dir nicht das Genick dabei.« Die

Umgebung lädt auch dazu ein, sich informell auszutauschen, sich wie auf einer Art Spielplatz zu fühlen. Ein Spielplatz ist ja auch ein geschützter Ort, wo Kinder einfach herumtoben dürfen, weil die Rahmenbedingungen so gegeben sind, dass sie keine größeren Risiken fürchten müssen. Genau das macht für mich das Design-Thinking-Erlebnis aus – es schreit nach Leichtigkeit, nach spielerischem Miteinander, das in eine äußerst produktive Arbeitsweise mündet, deren Wirkungskraft erst auf den zweiten Blick klar wird.

Meiner Ansicht nach sollte speziell in Risikobereichen genau nach der Methode des Design Thinking vorgegangen werden. Eben nicht – wie beim herkömmlichenVorgehen – das volle Risiko im Hinblick auf die Lösung eingehen, sondern im Prozess hin zur möglichen Lösung alles probieren, was in den Sinn kommt, so dass sich wiederholende Schleifen und Sprints abwechseln, man in kreativer Weise Dinge ausprobieren kann, ohne dass sie einen negativen Einfluss auf das laufende Geschäft und die Organisation haben. Gerade durch solch eine spielerische Vorgehensweise, durch risikobewusstes Ausprobieren lernen wir, in diesem Fall Problemlösungen zu erarbeiten und – in einem geschützten Rahmen – vor allem auf ihre Effizienz zu prüfen. Design Thinking lebt besonders davon, in einem Team mit unterschiedlichen Expertisen einen eleganten Lösungsweg in unscharfen Problemsituationen mit vielen Unbekannten zu finden. Dass dieser selten die kürzeste Verbindung zwischen zwei Punkten ist, bereitet vielen auf scheinbare Effizienz getrimmten linearen Problemlösungsansätzen Schwierigkeiten. Design Thinking tänzelt mit einer spielerischen Haltung durch den Nebel und kommt mit nahezu schlafwandlerischer Sicherheit zu erstaunlichen Lösungen.

Im Vergleich dazu verfährt man im herkömmlichen Geschäftsbereich, der immer noch stark durch die Industrialisierung geprägt ist und dessen durchsystematisierte Prozesse auf Berechnungen und Prognosen aufgebaut sind, nach wie vor sehr mechanistisch. Es gibt Marktforschungsunternehmen, die 1000 Leute befragen, verschiedenste Ergebnisse erhalten und dennoch versuchen, zu verallgemeinernden Schlüssen für die Zukunft zu kommen. Diese Systematik, Wissenschaftlichkeit, Sachlichkeit hat meiner Meinung nach in den letzten 200 Jahren sehr gut funktioniert, aber in den letzten vergangenen 30, 40, 50 Jahren ist die gesamte Wirtschaftswelt so beschleunigt worden, nicht zuletzt durch IT, dass komplexe Wechselwirkungen entstehen können, auf die mit einer Vorgehensweise aus der Zeit der Industrialisierung mit standardisierten Arbeitsabläufen nicht mehr reagiert werden kann.

Das »Zurückgehen« auf eine spielerische Methodik, ein spielerisches Vorgehen nach dem Prinzip *trial and error* bietet nur scheinbar weniger Sicherheit. Ich bin im Gegenteil überzeugt davon, es bietet mehr Sicherheit, weil das Risiko herausgenommen wird und man anerkennt, dass man am Anfang eines Problemlösungsprozesses nichts oder zumindest nur wenig weiß. Eine Prognose hilft dann nicht viel, sondern man muss ausprobieren. Da man aber weiß, dass man nur ausprobiert, setzt man die Rahmenbedingungen so, dass der maximale Schaden klein sein wird. Was man durch diesen kleinen Schaden gelernt hat, ist das Lehrgeld, das man bezahlen muss. Dafür aber hat man den maximal schnellen Einstieg in die Fragen und Punkte erlangt, auf die man sich im nächsten Schritt weiter konzentrieren muss. Wenn es in dieser iterativen Vorgehensweise eine Systematik gibt, dann die, dass sie das Risiko konsequent minimiert. Dagegen nimmt sich die inhaltliche Seite des Vorgehens weit weniger systematisch aus, insbesondere im Vergleich zu den »wissenschaftlichen« Vorgehensweisen.

DESIGN THINKING ERKLÄREN

Ich vergleiche Design Thinking gerne mit einer konservativen Anlagestrategie: Man setzt nicht gleich alles auf ein Pferd, sondern erhöht den Einsatz parallel zum Erkenntniswachstum. Diese Art der Erklärung hilft meinen Gesprächspartnern, insbesondere wenn sie aus der Finanzbranche stammen. Auch ihre spürbaren Zweifel am Konzept des spielerischen Leistungsgedankens im Design Thinking kann ich ihnen mit einem anschaulichen Vergleich meist nehmen: Wenn für Bayern München kein Widerspruch zwischen Spielfreude und Höchstleistung zu erkennen ist, warum soll er so zwingend für ein Unternehmen gelten?

Design Thinking und das damit verbundene »Gütesiegel« der Universität Stanford war für mich so etwas wie die offizielle Erlaubnis, Dinge zu tun, die im Business-Umfeld bis dahin eher mit Skepsis aufgenommen wurden, wie etwa Gedanken durch Skizzen zu illustrieren, um sich besser verständigen zu können, oder auch während des Researchs zwischendurch abweichende, exotische Themen zu betrachten, um sich inspirieren zu lassen. Wo früher die Anwendung von Design-Thinking-Methoden durchaus noch kritisch beäugt wurde, trifft man heute vielfach auf Sympathie und Offenheit, selbst konservativste Unternehmen finden es en vogue, mit Legosteinen zu arbeiten. Das ist natürlich im Grundsatz zu begrüßen. Mit den *launchlabs* versuche ich jedoch, Unternehmen den dahinter liegenden Sinn zu vermitteln, um so deren Arbeitskultur dauerhaft spielerischer und gleichzeitig leistungsfähiger zu gestalten, auch jenseits aller Trends und Moden.

Wir helfen Unternehmen dabei, so zu arbeiten, wie es gute Startups oder Familienbetriebe tun, die meistens flexibler, kreativer und schneller im Markt unterwegs sind als die großen Konzerntanker. Das liegt sicher nicht daran, dass in den großen Konzernen weniger schlaue Köpfe sitzen. Es liegt eher an den Strukturen, die oft gegen den gesunden Menschenverstand wirken. Solche hierarchischen Strukturen funktionieren zwar recht gut, wenn es darum geht, bereits Gelerntes schnell und effizient zu reproduzieren, aber heutzutage stoßen Unternehmen immer häufiger auf sehr dynamische und schlecht vorhersagbare Situationen im Markt, beispielsweise weil neue Technologien immer schneller auf den Markt kommen oder sich gesetzliche Rahmenbedingungen ändern. In den bestehenden Strukturen lässt sich sehr schlecht mit solchen Situationen umgehen: Da werden dann beispielsweise Entscheidungen ohne jeglichen Kontakt zu Kunden oder Nutzern getroffen, es werden Projektpläne entwickelt, die keinen Spielraum zum Ausprobieren lassen. Design Thinking kann hier helfen, Prozesse und Handlungsweisen zurückzubringen, in denen der gesunde Menschenverstand wieder die Oberhand gewinnt. Methoden wie Prototyping und Needfinding helfen den Unternehmen dabei, sich schnell und mit wenig Risiko in aufeinander aufbauenden Lernschleifen an neue Rahmenbedingungen anzupassen.

» DESIGN THINKING VERBINDET HÖCHSTLEISTUNG MIT DER FREUDE AM SPIELEN. «

Eins meiner persönlichen Lieblingsprojekte und gleichzeitig das erste, bei dem ich Design Thinking in einem professionellen Kontext bewusst anwenden konnte, wurde für Daimler durchgeführt. Mit einem Kollegen sollte ich zusammen mit Ingenieuren ein neuartiges Kommunikationssystem für die S-Klasse entwickeln, das den Fahrer vor Gefahren durch Hindernisse auf der Straße oder durch widrige Witterungsverhältnisse warnen sollte, ohne ihn durch blinkende Symbole im Armaturenbrett oder nervige Piepstöne vom Blick auf die Straße abzulenken. Unsere Lösung wurde inspiriert vom Comic-Helden Spiderman und seinen Spinnensensoren, also einer scheinbar völlig außerhalb des Problemfokus liegenden Quelle, einer Metapher, die uns inspirierte. Bei den Ingenieuren von Daimler stieß Spiderman denn auch erwartungsgemäß zunächst auf Stirnrunzeln. Als wir ihnen jedoch sehr schnell und mit einfachen Mitteln einen funktionierenden Prototypen vorgeführt haben, waren sie begeistert. In diesem Projekt habe ich zum ersten Mal ganz konsequent das Thema Prototyping in verschiedenen Schleifen angewendet: Zunächst haben wir ein digitales Mock-up erstellt, sind dann in den Baumarkt gegangen und haben das Ding mit ein paar Elektronikmaterialien gebaut. Im nächsten Schritt haben wir diese Materialien in eine S-Klasse eingebaut. Ein paar Wochen später konnte ich meine Unterschrift unter die erste Patentanmeldung meines Lebens setzen.

ZUR ZUKUNFT DES DESIGN THINKING

Ich bin von Natur aus optimistisch: Vielleicht wird Design Thinking als Begriff keine allzu große Rolle mehr im Arbeitsalltag spielen. Ich kann mir aber vorstellen, dass die damit gemeinte Arbeitskultur mit ihren Methoden und Prozessen in vielen Organisationen anzutreffen sein wird, genau wie heute der ständige Verbesserungsprozess oder *corporate social responsibility* in vielen Organisationen eine selbstverständliche Rolle spielen. Für diese Annahme sprechen aus meiner Sicht die immer rasanteren Veränderungszyklen von Technologie, Politik und Gesellschaft, die uns vor immer komplexere Strukturen und Herausforderungen stellen. Die Arbeitskultur des Industriezeitalters hilft uns in dieser Welt nur noch bedingt weiter.

Raúl Aguayo-Krauthausen

Sozialhelden e.V.

ES IST NOCH SUPPE DA

»Der letzte Arbeitsauftrag ist für zu Hause«, wandte sich einer der drei Dozenten im Assessment-Center an uns. »Die Aufgabe besteht darin, euch ein umfassendes Bild von einer asiatischen Nudelsuppe zu machen. Wie sieht sie aus, wonach riecht, wonach schmeckt sie?« Hinter dem Mann wurde mit einem Beamer das Bild einer bunten Tütensuppe an die Leinwand geworfen. »Probiert die Suppe auch in trockenem Zustand, bevor ihr sie wie auf der Packung angegeben zubereitet.« Manche sahen sich verwundert an. »Vergesst nicht, euch Notizen zu machen, und überlegt, wie sich das Produkt eventuell verbessern lässt. Habt dabei den möglichen Konsumenten und seine Bedürfnisse im Hinterkopf. Morgen besprechen wir eure Ergebnisse, vielen Dank.« Dann gingen Ahmet und seine beiden Kollegen herum und verteilten vierzig Tüten mit asiatischen Instantsuppen. Vierzig Tüten für vierzig Bewerber.

Zurück in meiner WG-Küche, betrachtete ich eindringlich die grellbunte, rechteckige Tüte, als könnte sie mir ein Geheimnis verraten. Ich war gespannt, denn ich hatte diese Art Fertiggericht bis dahin noch nie gegessen. Angesichts sonstiger Fertigprodukte erwartete ich aber, ehrlich gesagt, kein großartiges kulinarisches Highlight. Aber ich wollte ja vorurteilsfrei an die Sache rangehen. Insgesamt war die Nudelsuppe etwas dicker als die Fertigsuppen, die ich aus Supermärkten kannte, dennoch wog sie leicht in der Hand. Nach äußerer Begutachtung schüttelte ich die auffallend farbige Tüte. Der Inhalt raschelte. Die unterschiedlichen Bestandteile – wahrscheinlich Brühe, Nudeln und vielleicht noch irgendwelches Gemüse – konnte ich durch die Verpackung fühlen. Aufgrund meiner Behinderung brauche ich bei vielen Tätigkeiten Unterstützung. Also rief ich Tom, meinen Assistenten, der im Bad Wäsche in die Maschine stopfte. Ich bat ihn, die Tüte für mich zu öffnen.

»Gibst du sie mir wieder?«, sagte ich, nachdem er meiner Bitte gefolgt war.

Tom schaute mich erstaunt an. »Wie? Ich dachte, das ist dein Abendessen. Was hast du damit vor?«

»Alles, was man mit einer Suppe anstellen kann. Eine umfassende Erforschung. Und das beinhaltet auch die Überlegung, ob die Verpackung, Nutzung oder die Rezeptur verbesserungswürdig ist.«

Hatte mich Tom schon vorher irritiert angeschaut, nun sah er aus, als würde er ein wenig an meinem Verstand zweifeln. »Sag mal, was für eine Art Assessment ist das eigentlich, das du da durchläufst?«

Gute Frage. Ich selbst war immer noch ganz gefangen von dem, was ich am ersten Tag an der HPI-School of Design Thinking erlebt hatte. Wir nannten sie nur D-School. Design Thinking wird dort als Zusatzstudium angeboten, die Schule selbst ist als Forschungsinstitut an die Uni Potsdam angegliedert. Ich hatte davon gelesen, und der Artikel hatte meine Neugier geweckt, sodass ich wenig später zum Tag der offenen Tür 2008 ging. An diesem Tag stellte der erste Jahrgang seine Projekte vor. Eine Gruppe hatte einen Leitfaden für Menschen mit geistiger Behinderung entwickelt, der es ihnen ermöglichen sollte, bei Bedarf mit Passanten in Kontakt zu treten, um letztlich allein in der Stadt zurechtzukommen. In einer Art Ort-Ordner waren beispielsweise Karten mit Fragen nach dem Weg zur nächsten U-Bahn-Station abgeheftet. Daneben befand sich das entsprechende

Symbol, in dem Fall das Zeichen für U-Bahn. Eine andere Idee war eine Website, auf der man Wohnungen nicht nur nach Größe und Mietpreis suchen konnte, sondern auch nach Aspekten wie der Anzahl von Spielplätzen. Den Gesprächen mit Studenten entnahm ich, dass Querdenken und Experimentieren gefragt waren. Elektrisiert fuhr ich nach Hause.

Eigentlich war Querdenken nichts Neues für mich, denn seit 2002 studierte ich Gesellschafts- und Wirtschaftskommunikation an der Universität der Künste und arbeitete bei Radio Fritz. Das war eine ganze Menge. Dennoch hatte mich die Vorstellung ans Querdenken gepackt. Und was mir auch gefiel: Lehrende und Studenten kamen aus den verschiedensten Fachrichtungen und Nationen. Meine Mutter ist eine Deutsche, mein Vater Peruaner, geboren bin ich in Lima, aufgewachsen in Berlin. Und bei diesem unkonventionellen Studiengang sah ich die Chance, einmal nicht als der Mobilitätseingeschränkte im Rollstuhl, als der mit den Glasknochen wahrgenommen zu werden. So bewarb ich mich – und wurde mit vierzig anderen zu einem Assessment-Center eingeladen. Wir alle waren Konkurrenten um die begehrten Studienplätze.

Tom schüttelte den Kopf, während ich meine Nase über die geöffnete Tüte hielt. Ein extremer Maggi-Geruch strömte mir entgegen. Sonst nichts. Dann steckte ich einen Finger hinein und probierte etwas, was ich nicht ganz einordnen konnte. So undefinierbar es aussah, so undefinierbar schmeckte es.

»Und, Mr. Gourmet, erfreut das Zeug deinen Gaumen?« Tom sah mich skeptisch an.

»Na ja, von einem großartigen Geschmack kann kaum die Rede sein. Es ist verdammt salzig. Eigentlich schmecke ich nur Salz. Hochprozentiges Salz.«

Etwas komisch kam ich mir schon vor, als ich nun ein paar von den kleinen kringeligen Nudeln aß. Ihre Konsistenz fühlte sich ein wenig merkwürdig an, immerhin kaute ich ungekocht auf ihnen herum, und so etwas wie Eigengeschmack hatten sie auch nicht. Hatten Nudeln im Trockenzustand das überhaupt? Als großer Kochprofi konnte ich mich nicht gerade outen.

»Also, die Suppe kann ich so nicht empfehlen. Aber was nicht ist, kann noch werden. Auf der Verpackung steht, wie man sie zubereiten soll. Es wäre toll, wenn du mir dabei helfen könntest.«

Tom war ein perfekter Gehilfe bei diesem Experiment. Er setzte Wasser auf und gab den Tüteninhalt in eine Art Müsli-Schüssel. Als das Wasser heiß war, goss er es in der angegebenen Menge über das Instant-Etwas. Dampf stieg noch immer empor, als er sie vor mir auf den Küchentisch stellte. Ein noch intensiverer Maggi-Geruch umnebelte mich. Dann wurden Frühlingszwiebelröllchen erkennbar, sie schwammen an der Oberfläche. Auch ein paar dünne Karottenstreifen konnte ich ausmachen, fast ohne Lupe, und auf dem Grund der Schale die Nudeln.

Jetzt wurde es ernst. Ich nahm einen Löffel von der gelblichen, dünnen Brühe und pustete, um mir nicht die Zunge zu verbrennen. Anders als der Geruch vermuten ließ, schmeckte die fertige Suppe nicht salzig, sondern künstlich. Und extrem wässrig. Beim Essen war ich nicht sehr anspruchsvoll, aber sofort war klar: Nie wieder würde ich zu dieser Tüte greifen. Nur im Notfall, bevor ich verhungern würde. Gäbe man Fleisch oder frisches Gemüse hinzu, so wäre es eigentlich schade darum.

Fazit: Verbessern konnte man die Suppe nur, wenn man ein neues Rezept erfand. Punkt.

Neben der Tütensuppe hatten die Dozenten jedem von uns eine weiße Kladde mitgegeben, der Papprahmen war metallbeschichtet. Sie sah sehr stabil aus, erwies sich aber für mich als unhandlich, weil sie zu schwer und zu groß war. Ständig hätte ich jemanden bitten müssen, sie aus meinem Rucksack hinten am Rollstuhl zu holen und sie wieder dort zu verstauen. Aus dem Grund war ich dazu übergegangen, vieles mit meinem Handy abzufotografieren. So konnte ich zum Beispiel auf Dateien zurückzugreifen, die in meiner Dropbox abgelegt waren. Nach dem Küchenexperiment nahm ich aber stattdessen einen Zettel zur Hand, um darauf meine Eindrücke von der Suppe festzuhalten.

Der zweite Tag begann mit einem Warm-up. Ahmet, der uns den Tütensuppen-Auftrag erteilt hatte, stellte sich in die Mitte des Raumes, breitete die Arme aus, legte den Kopf in den Nacken und sagte: »Ich bin ein Baum.« Bevor wir es uns versahen, war der zweite Dozent, Harry, in die Rolle eines Vogels geschlüpft, der um den Baum flog, und der dritte gab vor, ein Apfel zu sein. Nach anfänglichem Zögern folgten die ersten Studenten. Einer von uns Bewerbern schnappte sich einen der bunten Würfel, die als Sitzgelegenheit dienten, und mimte einen Gärtner mit Rasenmäher. Ein anderer stellte auf allen vieren eine Bank dar, auf der eine Kommilitonin Platz nahm und tat, als würde sie Zeitung lesen. »Kinder« spielten Fangen, eines davon versuchte, am »Baum« hochzuklettern. Schon bald war um mich herum ein wildes Treiben im Gange. Nach kurzem Überlegen entschied ich mich als einer der Letzten für die Rolle des Hundes und fuhr zwischen den anderen hindurch. Das schien mir am wenigsten gefährlich, denn ich hatte Angst, dass ich mir in dem Durcheinander Knochen brechen könnte.

Als Nächstes trugen wir unsere Ergebnisse zusammen.

Dafür vorgesehen waren bunte Haftnotizen, um sie für alle gut sichtbar am Whiteboard anzubringen. Um meinen Verbesserungsvorschlag – eigentlich wär es ja kein wirklicher, aber wäre es gut angekommen, wenn ich die ganze Tüte in den Müll geworfen hätte? – zu illustrieren, hatte ich eine Kuh gezeichnet, die man vor allem anhand ihres Euters erkennen konnte. Zeichnen konnte ich noch nie gut. Damit es schnell ging, hatte sie Ahmet für mich am Whiteboard angebracht. Am Vortag war er auch auf die Idee gekommen, eine Parkposition auf den Boden zu kleben, damit ich im Raum einen festen Platz hatte. Und die Rollen eines der Stehtische hatte er, als sich herausstellte, dass sie für mich zu hoch waren, einfach abgeschraubt. Schnell, unkompliziert.

Danach wurden wir aufgefordert, uns in Gruppen einzufinden. In meiner waren noch drei Männer sowie eine Frau.

»Wie eine asiatische Fertignudelsuppe zu goutieren ist, wisst ihr nun.« Ahmet wandte sich wieder an uns. »Doch wie schmeckt eigentlich eine richtige chinesische Nudelsuppe?« Er machte eine kurze Pause, in der er uns bedeutungsvoll ansah. »Das sollt ihr nun herausfinden. Mit der S-Bahn fahrt ihr von hier aus zur Haltestelle Charlottenburg. In der Kantstraße gibt es eine Vielzahl asiatischer Geschäfte und Restaurants. In einem der Läden kauft ihr eine Fertigsuppe. Schließlich sollt ihr wissen, woher die Suppe kommt, die ihr gestern gegessen habt.« Während er das sagte, wurden per Beamer das Foto einer S-Bahn und die Aufnahme eines Asia-Ladens an die Leinwand geworfen. »Anschließend geht ihr in ein Chinarestaurant und bestellt eine Nudelsuppe. Wie zuvor sollt ihr eure Eindrücke festhalten, um sie später zu präsentieren. Legt fest, wer in eurer Gruppe Beobachter ist und wer die Notizen macht.«

Ahmet warf einen Blick auf seine Uhr. »Jetzt ist es gleich zwölf. Ihr habt insgesamt vier Stunden Zeit. Versucht, auch Bilder von der Küche zu machen. Das hat sich in der Vergangenheit als schwierig erwiesen, weil Restaurants Angst vor dem Gesundheitsamt haben und sich nicht gern in die Töpfe blicken lassen. Ihr solltet es aber auf jeden Fall versuchen. Und akzeptiert ein Nein, wenn es euch nicht gelingt.«

Ich schluckte. Oh Gott, jetzt beginnen die Probleme, war mein erster Gedanke, während Harry mit rahmenloser Brille und Glatze auf unsere Gruppe mit zwei Karten in der Hand zusteuerte. »So. Im letzten Jahr haben wir die Erfahrung gemacht, dass manche Ladenbesitzer und Restaurants das Gefühl hatten, von zu vielen Gruppen überfallen zu werden. Dem beugen wir vor, indem wir für jedes Team ein Geschäft und ein Restaurant ausgesucht haben. Hier habt ihr eure

Karten mit der jeweiligen Adresse.« Charlotte aus unserer Gruppe las sie laut vor.

»Äh, eine Frage. Sind die beiden Orte rollstuhlgerecht?« Harry schaute mich an. »Was meinst du damit?«

»Wisst ihr, ob Stufen vor dem Eingang sind? Ich komme unter Umständen nicht rein.«

Harry überlegte kurz, dann sagte er: »Keine Ahnung. Wartet einen Moment, ich rufe dort an und frage nach.«

Um uns herum packten die anderen Gruppen ihre Sachen zusammen, und der Raum fing an, sich zu leeren. Harry kam kurz darauf zurück.

»Tut mir leid, ich habe dort niemanden erreicht«, erklärte er.

In mir machte sich Erleichterung breit, denn mir war es unangenehm, dass er extra wegen mir angerufen hatte. Dabei hätte ich erleichtert sein können, wenn er mir erzählt hätte, Lokal und Laden wären barrierefrei.

»Habt ihr eine Rampe, die wir eventuell mitnehmen könnten?«, wollte ich wissen.

»Nein, leider nicht.« Nun war es Harry, dem die Situation peinlich war.

Alternativ hatte ich über den Vorschlag nachgedacht, dass unsere Gruppe die Anlaufstellen mit denen einer anderen tauschen könnte, sollten diese Orte rollstuhlgerecht sein. Da ich aber weitere Unannehmlichkeiten vermeiden wollte, behielt ich die Idee für mich. Zudem spürte ich, wie sich leichte Nervosität breitmachte. Wir sollten ja schon um 16 Uhr wieder zurück sein.

»Geht auch Sushi?« Das war mein letzter, fast schon verzweifelter Versuch, weil ich in der Kantstraße ein Sushi-Restaurant kannte, das keine Eingangsstufen hatte.

»Nein, ausgeschlossen.« Harry fuhr sich mit einer Hand über die Glatze. »Euch bleibt nichts anderes übrig, als einen Laden zu finden, der rollstuhlgerecht ist.«

Das konnte uns ganz schön aufhalten. Ich hatte Schweißperlen auf meiner Stirn.

»Alles klar. Wir werden schon irgendwo reinkommen«, sagte Philipp, einer der Männer aus meiner Gruppe. Er studierte Kommunikationswissenschaften, trug schwarze Jeans, ein schwarzes Shirt und schwarze Sneakers. Er sah aus, als wäre er gerade aus dem dunklen Teil der Welt entstiegen, machte aber einen ungemein sympathischen Eindruck.

»Dann viel Erfolg bei der Suche.« Harry scheuchte uns raus. Wir waren die Letzten, die das Abenteuer echte asiatische Nudelsuppe starteten.

Verdammt, alles wegen mir. Beklemmung stieg in mir auf. Dabei hatte sich alles so gut angelassen. Den Weg zur D-School – ein modernes Gebäude mit Aufzug und mehreren Behindertentoiletten – legte ich allein zurück. Für mich ein komplett neues Umfeld, aber schon jetzt wusste ich, wie lange ich brauchte und wo ich aussteigen musste, wenn der Aufzug an der Haltestelle Griebnitzsee kaputt war. Abgesehen davon, dass Einzelne mich gefragt hatten, wie ich hergekommen war, hatte mich keiner auf meine Behinderung angesprochen. Und jetzt das. Sollte ich anbieten, was ich in einem solchen Moment immer vorschlage? Sich einfach ohne mich auf den Weg zu machen? Zeit zum Überlegen blieb keine, denn das Quartett steuerte direkt auf die Treppe zu.

»Sorry, ich muss leider hier lang.«

Noch eine Verzögerung.

»Okay, dann komme ich mit dir.« Charlotte sagte das vollkommen selbstverständlich. Wie die meisten in meiner Gruppe war sie Mitte zwanzig. Sie war so bunt angezogen, dass ich kaum glauben konnte, dass sie Luft- und Raumfahrttechnik studierte. Ihre blonden Kurzhaarlocken zierte ein pinkfarbener Deckel. Darauf angesprochen, hätte sie bestimmt Hut dazu gesagt. Zum Glück befand sich der Raum im ersten Stock, sodass wir schnell unten waren. Im Eingangsbereich warteten bereits die anderen. Tür auf, draußen. Instinktiv bog ich zur S-Bahn-Station Griebnitzsee nach links ab, die anderen drängten nach rechts.

»Wieso links? Nimmst du nicht die Abkürzung durch den Wald?«, fragte Malte, der über seine halblangen Haare eine blaue Baseballkappe gestülpt hatte.

»Tut mir leid, die kenne ich nicht. Ich muss den regulären Weg vorbei an der Bibliothek nehmen.«

Wieder gab es kein Murren, ohne Zögern schlossen sie sich mir alle an. Ich fuhr mit meinem Rollstuhl, so schnell ich konnte.

An der Bahnstation dasselbe Spiel. Diesmal waren wir zu dritt im Aufzug. Der Rest erwartete uns im Tunnel.

»Wie kommen wir denn zum Gleis?«, meinte Markus, ein hochgewachsener angehender Psychologe, dem seine bayerische Herkunft noch deutlich anzuhören war. Die schicke Hose und das Streifenhemd hätten das nicht vermuten lassen.

»Da hinten ist ein Aufzug.« Ich wies den Weg.

Oben angekommen hatten wir Glück. Die S-Bahn fuhr gerade ein, und unmittelbar vor uns öffnete sich eine Tür.

»Kommst du allein rein, oder brauchst du Hilfe?«, fragte Philipp.

Noch bevor ich antworten konnte, war ich auch schon ins Abteil hineingerumpelt.

»Na, dein Rollstuhl wird ja ordentlich strapaziert, was für ein Teil. Die arme Achse«, meinte daraufhin Malte.

»Keine Sorge, der hält das aus, der ist dafür konstruiert.« Die Fahrt nach Charlottenburg nutzten wir, um uns auf die bevorstehende Aufgabe vorzubereiten. Charlotte sah sich noch einmal genau die Verpackung der Tütensuppe an, damit wir sie auch gleich in einem der Asia-Geschäfte fanden. Wie sich herausstellte, war niemand von uns je in einem solchen Laden gewesen. Mich beschäftigte das alles jedoch nur bedingt, denn in meinem Kopf kreisten nur Bilder von Stufen und fehlenden Rampen. Verschwindend gering war meine

Hoffnung, irgendwo reinzukommen. Das hatten mir meine Erfahrungen gezeigt.

Zwanzig Minuten später, um kurz nach halb eins, hatten wir unser erstes Ziel erreicht. Raus aus der Bahn, rein in den Aufzug, runter zur Straßenebene, da die Bahntrasse oberhalb verläuft. Immerhin konnte ich den anderen sagen, wie wir am schnellsten zur sogenannten Chinameile kamen. Als wir die vierspurige Kantstraße erreichten, tauchte das nächste Problem auf: nach links oder nach rechts?

»Wo sind denn die meisten Asia-Shops?«, fragte Charlotte. Alle zuckten mit den Schultern.

»Nach der Karte würde ich rechts vorschlagen«, wagte ich vorsichtig in die Runde zu werfen.

»Okay, dann los.« Malte, der Kappenträger und Chemiestudent, setzte sich – und das auch für den Rest des Tages – an die Spitze. Wir eilten vorbei an chinesischen Möbelgeschäften und Kiosken, aber nirgendwo ein Asia-Laden. Weit und breit zeigte sich auch kein Asiate, den wir hätten fragen können. Endlich! Nach zehn Minuten erblickten wir einen Shop mit roten Lampions im Schaufenster. Natürlich auf der gegenüberliegenden Straßenseite. Es dauerte, bis wir die Straße überqueren konnten. Doch dann die Enttäuschung. Stufen am Eingang, die wir vorher nicht wahrgenommen hatten. Und keine Rampe.

»Macht nichts, weiter. Uns bietet sich bestimmt die nächste Chance«, tröstete Philipp.

Würde es diesmal klappen? Es war gleich 13 Uhr. Hoffentlich, hoffentlich kommen wir rein, ging es mir durch den Kopf.

»Schon mal daran gedacht, ein Maschinengewehr an deinem Rollstuhl anzubringen?«, unterbrach mich Malte in meinen Gedanken.

»Bislang nicht. Könnte ja mal drüber nachdenken.« Malte lachte.

Ein schlechter Witz, wie ich fand.

Auch am Eingang des nächsten Geschäfts verhinderte eine Treppe den Zugang.

»Meinst du, wir können dich hochtragen?«, fragte mich Charlotte, als wir davorstanden.

»Leider nicht, mein Rollstuhl ist zu schwer«, antwortete ich. »Aber ihr könnt auch ohne mich reingehen.«

»Nein, wir wollen alle sehen, wo es die Tütensuppe zu kaufen gibt«, beharrte Markus.

Hundert Meter weiter wieder dasselbe. Ich merkte, wie alle immer unruhiger wurden. Die Abstände, dass jemand auf die Uhr schaute, wurden von Mal zu Mal kürzer.

»Wir können uns doch aufteilen. Mit zwei Gruppen erhöht sich die Wahrscheinlichkeit, einen Laden zu finden, wo ich reinkann«, versuchte ich, die anderen zu überreden.

»Ausgeschlossen, wir machen zusammen weiter.« Das kam unisono.

Die Schritte wurden schneller, wir wurden immer stiller, und ich hatte das Gefühl, dass mir das Wasser bis zum Hals steht. Vor allem schämte ich mich, dass die Gruppe wegen mir so viele Hindernisse zu bewältigen hatte.

»Sag mal, wie lange hält eigentlich dein Akku? Musstest du schon mal abgeschleppt werden? Und wie …« Klar, dass es nicht Charlotte war, die das wissen wollte.

»Schaut mal da vorne, vielleicht haben wir diesmal Glück.« Malte wurde von Markus unterbrochen. Doch auch Laden Nummer vier hatte Stufen vor der Eingangstür. Inzwischen ging es auf 13:30 Uhr zu. Und wir hatten weder eine Suppe gekauft, geschweige denn eine gegessen. Ich blickte in ratlose Gesichter.

»Ihr könnt auch ohne mich rein …« Ein erneuter Versuch, denn es durfte nicht sein, dass vier Leute wegen mir nicht angenommen werden.

»Nein, das geht nicht«, beharrte Philipp. »Alle oder keiner. Langsam müsstest du doch unsere Devise kennen. Wir sind ein Team.«

Vor dem nächsten Laden befand sich nur eine Stufe.

»Wie ist es damit? Meinst du, wir schaffen es hier, dich reinzutragen?«, fragte Philipp.

Ich schüttelte den Kopf. »Wenn wir aber so etwas wie ein Brett finden, können wir es davorlegen und eine Art Treppe bauen. Über zwei kleine Stufen schaffe ich das mit dem Rollstuhl ohne Probleme.«

Während wir uns suchend umschauten, lief Malte zurück zu einem Baumarkt, an dem wir eben vorbeigekommen waren. Vor dem Eingang hatte ich eine Metallrampe für Einkaufswagen erspäht. Malte anscheinend auch, denn nun machte er sich daran zu schaffen, um sie wegzuziehen.

Oje, er kann doch nicht die Rampe klauen!, schoss es mir durch den Kopf.

»Hey, kann mal einer mit anfassen?«, rief Malte. »Ich krieg sie allein nicht getragen. Die ist schwerer, als ich dachte.«

Charlotte beeilte sich, ihm zu helfen, während Philipp, Markus und ich vor dem Laden warteten.

Das Geschäft war winzig. Das Erste, was ich wahrnahm, war ein abgestandener Geruch nach Maggi. Die Regale, die drei schmale Gänge bildeten, waren gefüllt bis unter die Decke. Im fahlen Neonlicht stapelten sich Süßigkeiten, winkende Maneki-nekos, Papierfächer, Waschmittel, Tee, Gewürze, irgendwelche Aufkleber. Hinter der Kasse am Eingang stand eine Frau mittleren Alters, die erstaunt unseren Gruß erwiderte.

Sofort machten wir uns in dem Chaos auf die Suche nach einer Nudelsuppe in einer Tüte. Aufgrund der Enge bewegten wir uns alle sehr vorsichtig, da wir nichts umstoßen wollten. Doch nirgendwo entdeckten wir eine dieser Tüten. Glas- und Reisnudeln zwar schon, aber keine Fertigsuppe.

»Entschuldigung, wir suchen eine chinesische Nudelsuppe in der Tüte. Wo finden wir sie?«, fragte Charlotte die Asiatin, die bewundernd ihren pinkfarbenen Deckelhut beäugte. Farblich passte er perfekt in den bunten Laden.

Die Verkäuferin trat hinter der Kasse hervor und bahnte sich an uns vorbei einen Weg nach hinten. Als einer von zwei Leuten, die Notizen machen sollten, folgte ich ihr. Lächelnd deutete sie auf einen Korb, in dem drei Sorten Tütensuppe zur Auswahl lagen. Es gab jeweils fünf Exemplare. Direkt daneben standen Körbe mit Chips und DVDs. Um Zeit zu sparen, hatte ich mir vorher überlegt, das Aussehen der Tüten, den Namen des Herstellers, die Warenpräsentation insgesamt etc. erst in der Bahn schriftlich festzuhalten. Nach mir beeilte sich Malte, mit der Digitalkamera Aufnahmen von den fünfzehn Tüten zu machen.

»Sagen Sie, kennen Sie ein rollstuhlgerechtes Chinarestaurant in der Nähe?« Wieder fragte Charlotte die Ladeninhaberin. Die Restaurants, an denen wir während unserer Suche vorbeigekommen waren, hatten ausnahmslos Stufen am Eingang gehabt. Die Asiatin runzelte die Stirn. »Ein Restaurant, in das man mit dem Rollstuhl reinkann?«, versuchte Charlotte es erneut, wobei sie in meine Richtung gestikulierte. Keine Antwort.

»Ihr wollt echte Nudelsuppe?«, fragte sie auf einmal, als wir schon im Begriff waren aufzubrechen.

»Ja, wir wollen richtige Nudelsuppe in einem Restaurant essen.«

»Kommen Sie mit, kommen Sie mit.«

Wir schauten uns fragend an. Was meinte sie? Wir hatten die Tütensuppe bereits bezahlt und verstaut. Dennoch: Einer nach dem anderen folgte ihr bis ans Ende des Ladens. Dort machte sich die Frau an einem Regal zu schaffen, das an der Wand befestigt war. Wollte sie uns noch mehr Tütensuppen zeigen? Hinter einer Art Schiebetür fiel unser Blick in einen kleinen Flur. Die Verkäuferin signalisierte uns, weiterzugehen. Vorher wollte ich von Malte noch wissen, ob er nicht die Rampe zurückbringen wolle, sie gehörte ja dem Baumarkt und würde sicher gebraucht.

»Nö, die lass ich da, bis wir hier weg sind. Sie wird schon keinem fehlen.«

Rechts vom Flur befand sich eine kleine Küche, in die durch ein Fenster Licht hineinfiel. Auf den Flammen eines Gasherds brodelte etwas in einem großen verbeulten Blechtopf, über dem einfache Hängeschränke schief angebracht waren. Links, in einer Art Nische, stand ein längerer Tisch mit einer gelbweißen Plastikdecke, an dem eine ältere Asiatin und ein etwa sechsjähriger Junge saßen. Pappbecher, eine Flasche Sojasauce und ein Stapel weißer Papierservietten lagen auf dem Tisch. Während vorne im Laden der Straßenverkehr deutlich zu hören gewesen war, herrschte in der Essecke Stille, vollkommene Stille. Das Bild, das sich uns bot, hatte etwas sehr Intimes, und mir kam es vor, als ob wir eine Familie beim Essen störten.

»Sie wollen Suppe. Nehmen Sie Platz«, forderte uns wohl die Mutter des Jungen auf. Verwundert sahen wir uns an.

»Setzen Sie sich.« Die ältere Frau, die ihre Zeitungslektüre unterbrach, konnten wir eben noch davon abhalten, aufzustehen. Philipp und Charlotte blieben stehen, da es auch hier sehr eng war. Für mich wurde ein Stuhl zur Seite geschoben, auf den sich dann Malte setzte. Plötzlich hatte ich eine riesige Schale heiße, nach Hühnerfleisch duftende Suppe und einen Becher grünen Tee vor mir, dazu einen blauweißen Keramiklöffel und einfache Stäbchen aus Holz. Eine Gabel wäre mir lieber gewesen, da ich, ausgenommen bei Sushi, mit Stäbchen nicht zurechtkomme. Ich traute mich aber nicht, darum zu bitten. Als dann alle mit Suppe versorgt waren, stellte ich erleichtert fest, dass auch die anderen aus meiner Gruppe lange nicht so geschickt waren wie der kleine Junge, der schlürfend und in einer Wahnsinnsgeschwindigkeit Nudeln, Fleisch und Kartoffelstückchen aus der Brühe fischte.

»Hätten Sie etwas dagegen, wenn wir Ihre Küche fotografieren?«, fragte Malte, als alle außer mir fertig gegessen hatten.

»Nein, nein, machen Sie nur, machen Sie nur«, antwortete die Inhaberin.

Charlotte und Malte packten die Kameras aus und fingen an, Bilder aufzunehmen, während Markus die Suppenzutaten notierte.

»Ich glaube, wir sollten los, es ist schon nach drei«, mahnte Philipp schließlich zum Aufbruch.

»Aber Sie sind noch nicht fertig«, meinte die Mutter des Jungen zu mir.

Ich bin kein Schnellesser und schaffte die Portion sowieso nicht. Das ist immer so. Bei mir reicht ein »Seniorenteller«.

»Es tut uns leid, aber wir haben einen wichtigen Termin und müssen los«, warf Charlotte ein, noch bevor ich antworten konnte.

»Es war sehr lecker, und wir hoffen, dass wir Ihnen keine Umstände bereitet haben«, bedankte ich mich bei der Ladenbesitzerin.

»Nein, nein, das ist normal.«

»Wieso? Haben Sie so etwas wie eine offene Küche?«, fragte Philipp.

Die Verkäuferin nickte lächelnd: »Ja, ja, hier kommen oft chinesische Arbeiter zum Essen.«

Nachdem wir gezahlt hatten, fiel mir die Rampe wieder ein. Hoffentlich war sie noch da. Um aus der Küche und dem Geschäft herauszukommen, musste ich rückwärtsfahren, denn nirgendwo gab es eine Wendemöglichkeit. Vorsichtig manövrierte ich an den Regalen vorbei. Zum Glück fiel nichts um. Dann große Erleichterung, die Rampe war noch da. Charlotte und Philipp brachten sie zurück, und wir sahen zu, schnellstmöglich nach Potsdam zu kommen. Da wir uns aufgrund der Suche nach einem für mich geeigneten Shop weit von der S-Bahn-Station Charlottenburg entfernt hatten, beschlossen wir, am Savignyplatz einzusteigen. Mittlerweile war es 15:30 Uhr.

Erst in der S-Bahn ließ meine Anspannung nach. Charlotte und Malte lachten. Viel Zeit, uns darüber zu freuen, es am Ende doch noch geschafft zu haben, und uns über unsere Eindrücke auszutauschen, blieb uns nicht. Für 16 Uhr war die Präsentation angesetzt, die wir noch nicht einmal angefangen hatten vorzubereiten. Immerhin würden wir nicht zu spät eintreffen. Die Fahrt nutzten wir, um unsere Ergebnisse auf Haftnotizen zusammenzufassen und eine Bildauswahl zu treffen. Aufgrund der Dunkelheit in dem Laden waren die Aufnahmen teilweise undeutlich, das Wesentliche war jedoch gut zu erkennen.

Als letzte Gruppe betraten wir Punkt 16 Uhr die D-School. Während das erste Team anfing zu präsentieren, brach unter uns ein letztes Mal Hektik aus, da wir noch die Bilder ausdrucken mussten. Wir schafften aber alles rechtzeitig, denn wir waren erst als Drittes dran.

Anmoderiert als »die Gruppe, die nicht wusste, wohin sie geht«, begaben wir uns nach vorne und erzählten unsere Geschichte. Angefangen bei der langwierigen, nahezu aussichtslosen Suche nach einem rollstuhlgerechten Laden bis hin zu unserem Eintritt in eine Parallelwelt, deren Existenz keiner auch nur hätte erahnen können. Highlight unserer Präsentation war das Foto vom Topfinhalt, das Charlotte aufgenommen hatte. Wir konnten es selbst kaum fassen, und wahrscheinlich hätte uns keiner die Geschichte geglaubt, hätten wir nicht die Bilder als Beleg gehabt.

Letztlich waren wir eine von drei Gruppen, die bis in die Küche gekommen waren. Dennoch ging keiner von uns davon aus, dass wir es deswegen automatisch geschafft hatten und zum Studium zugelassen würden.

Nachdem sich die Dozenten bei uns Bewerbern bedankt und Feedback innerhalb der nächsten Tage in Aussicht gestellt hatten, verabschiedete ich mich von den Leuten aus meiner Gruppe. Müde und erleichtert nahm ich die S-Bahn nach Hause. Wider Erwarten war es uns gelungen, innerhalb einer guten Stunde eine Tütensuppe zu kaufen und eine original chinesische Nudelsuppe zu essen. Das Gefühl war unbeschreiblich. Während ich aus dem Fenster sah, fiel mir auf, dass ich auch an diesem Tag kein einziges Mal über meine Behinderung gesprochen hatte. Denn normalerweise folgen mehr oder weniger unverhohlenen Blicken Fragen. Menschen, vor allem Kinder, möchten wissen, warum ich im Rollstuhl sitze. Als Nächstes interessiert es sie, warum ich Glasknochen habe, woher so etwas kommt und seit wann das so ist. Aber nicht nur, dass ich kein einziges Mal auf meine Behinderung angesprochen wurde – sie war es, der meine Gruppe und ich diesen unvergesslichen Einblick zu verdanken hatten. Unabhängig davon, ob man mich an der D-School aufnehmen würde oder nicht, war das mein persönliches Erfolgserlebnis.

Und in diesem Moment machte es klick. Meine Behinderung, die ich seit dem Ende meiner Kindheit nicht hatte annehmen wollen, die ich fast mein ganzes Leben lang versucht hatte zu überspielen und auszugleichen, genau sie war es, die Philipp, Charlotte, Malte, Markus und mir den Zugang in eine ganz eigene Welt verschaffte. Meine Behinderung war überhaupt kein Nachteil gewesen! Unfassbar kam mir das vor. Und es war so unfassbar, dass ich beschloss, sie anzunehmen und ab jetzt einfach ich zu sein. Mit allem, was dazugehört.

DIE HERAUSGEBER

PROF. DR. CHRISTOPH MEINEL

Hasso-Plattner-Institut

ZUR PERSON

Nachdem Prof. Dr. Christoph Meinel 2004 die wissenschaftliche Leitung des Hasso-Plattner-Instituts für Softwaresystemtechnik (HPI) übernommen und seinen Lehrstuhl für »Internet-Technologien und Systeme« am HPI aufgebaute hatte, kümmerte er sich zusammen mit Hasso Plattner und in enger Abstimmung mit den Professorenkollegen von der d.school an der Stanford University um die Entwicklung eines Design Thinking Ausbildungsprogramms am HPI in Potsdam und die Gründung der »HPI School of Design Thinking«, kurz HPI D-School, an der heute jährlich etwa 240 Studenten aus allen Fachrichtung zu Innovatoren ausbildet werden.

Christoph Meinel ist ordentlicher Professor (C4) für Informatik am HPI und an der Universität Potsdam und lehrt in den Bachelor- und Masterstudiengängen »IT-Systems Engineering«. Er betreut zahlreiche Promotionsprojekte und ist selbst Teacher an der HPI D-School. Seine besonderen Forschungsinteressen liegen in den Bereichen IT-Security und Knowledge Engineering. An seinem Lehrstuhl wurde das Tele-Board, das tele-TASK System und die HPI MOOC-Plattform openHPI entwickelt. Daneben ist er wissenschaftlich aktiv auf dem Gebiet der Innovationsforschung und betreut eine Reihe von Projekten im HPI-Stanford Design Thinking Research Program.

Christoph Meinel ist Autor beziehungsweise Co-Autor von 15 Textbüchern und einer Reihe von Anthologien und Tagungsbänden. Er hat mehr als 450 Publikationen in wissenschaftlichen Journalen und auf internationalen Konferenzen veröffentlicht, ist Mitglied der Deutschen Akademie der Technikwissenschaften acatech, Gastprofessor an der TU Peking und in zahlreichen wissenschaftlichen Gremien und Aufsichtsräten tätig.

PROF. ULRICH WEINBERG

Hasso-Plattner-Institut

ZUR PERSON

Ulrich Weinberg war auf dem Weg nach China als er gefragt wurde, die HPI School of Design Thinking im Mai 2007 aufzubauen und anschließend zu leiten. Er änderte seine Pläne für ein Forschungssemester in Peking, wo er seit 2004 eine Gastprofessur an der größten Medienuniversität der Welt – der Communication University of China – belegt. »Nach 25 Jahren interdisziplinärer, innovationsorientierter Arbeit in Film, 3D-Animation, Simulation und Computerspielen zögerte ich keine Sekunde, die fantastische Herausforderung anzunehmen, ein Institut mit Fokus auf Innovation in allen Bereichen des Lebens zu starten«, sagte der damals 49 Jahre alte Unternehmer (TERRATOOLS und CYPARADE) und Professor, der in München und Berlin Kunst und Design studiert hat. An der Film-Universität in Potsdam-Babelsberg hält er seit 1994 eine Professur für Computeranimation und fungierte vier Jahre lang als Vize-Präsident.

Ulrich Weinberg ist Co-Autor zahlreicher Bücher, unterstützt als Beiratsmitglied die TEDx-Berlin, das Social Impact Lab und das Medien-Innovationszentrum Babelsberg, er ist als Juror internationaler Wettbewerbe tätig. Seit 2014 ist er Ehren-Direktor des Design Thinking Innovation Centers in Peking und ehrenamtliches Vorstandsmitglied der Deutschen Gesellschaft für Qualität DGQ. Er ist verheiratet und Vater von zwei Kindern.

DR. TIMM KROHN

Hasso-Plattner-Institut

ZUR PERSON

Dr. Timm Krohn kommt aus Hamburg, hat aber unter anderem Zeit in Afrika, Kanada und im Internat in England verbracht. Er studierte Recht in Hamburg, Berkeley, Lausanne, Bonn und Berlin und promovierte bei Prof. Dr. Karsten Schmidt in Gesellschaftsrecht. Timm Krohn arbeitete als Wissenschaftlicher Mitarbeiter am Lehrstuhl für Wirtschaftsrecht der Universität Bonn und als Repetitor/Dozent in Bonn, Köln und Düsseldorf. Er war als Legal Advisor bei KPMG und als Jurist in verschiedenen Bereichen der L-Bank in Karlsruhe und Stuttgart tätig und arbeitete als Rechtsanwalt in einer auf Wirtschaftsrecht spezialisierten Kanzlei in Hamburg. Er ist nun COO/Prokurist des HPI und Geschäftsführer der HPI-Academy. Als Mitglied des Programm-Komitees des HPI-Stanford Design Thinking Research Program und als Teacher an der D-School in Potsdam hat er zahlreiche Berührungspunkte mit Design Thinking.

DIE BEITRÄGER

WOLFGANG BAYER

Siemens Healthcare

ZUR PERSON

Wolfgang Bayer leitet gegenwärtig bei Siemens Healthcare ein Projekt, um den weltweiten Go-To-Market Set-Up zu gestalten. Von 2007 bis 2014 leitete er die Region Deutschland für den Sector Healthcare der Siemens AG. Er studierte Informatik und Betriebswirtschaft an der Friedrich-Alexander-Universität Erlangen/Nürnberg und begann anschließend bei Hewlett-Packard in Deutschland und den USA als Produktmanager für Anwendungssoftware. Es folgte eine zweijährige Tätigkeit als weltweiter Vertriebsleiter bei der Erich Jaeger GmbH, danach kehrte er zu Hewlett-Packard zurück, wo er elf Jahre im weltweiten Marketing für Healthcare Solutions arbeitete. Wolfgang Bayer ist seit 2000 bei der Siemens AG im Sector Healthcare tätig.

DER ERSTE KONTAKT MIT DESIGN THINKING

Ich glaube, ich habe damit begonnen, einiges über Design Thinking zu lesen, und fand das Konzept von Anfang an sehr interessant. Nicht nur mit den eigenen Mitarbeitern neue Ideen zu generieren beziehungsweise von Consultingfirmen generieren zu lassen, sondern mit einem interdisziplinären Team Innovationen punktgenau zu kreieren – das war mein Hauptmotivationspunkt, der mich dazu bewogen hat, ein Studentenprojet mit dem HPI zu initiieren und bei uns Design-Thinking-Elemente zu etablieren.

Es ging uns bei diesem Projekt darum, herauszufinden, wie wir auf einer anderen Ebene mit unseren Kunden kommunizieren können, um von ihnen nicht mehr nur als Lieferant von fertigen Produkten gesehen zu werden. Sondern mit ihnen in einen freien Austausch über Produktlösungen zu treten.

SIMON BLAKE

launchlabs

ZUR PERSON

Simon Blake ist Diplom-Kommunikationswirt und studierte Gesellschafts- und Wirtschaftskommunikation an der Universität der Künste Berlin sowie Medienmanagement an der Hochschule für Musik, Theater und Medien Hannover.

Er ist heute geschäftsführender Gesellschafter der launchlabs. Mit den launchlabs unterstützt er erfahrene Unternehmen wie die Deutsche Telekom, Adidas, Audi oder Microsoft dabei, so schnell, agil und kreativ zu handeln wie erfolgreiche Start-ups. Zuvor half er als Mitarbeiter der ersten Stunde, die School of Design Thinking am Hasso-Plattner-Institut aufzubauen, wo er unter anderem den Bereich Executive Education entwickelte. Außerdem unterstützte er die HPI Academy als Programmmanager beim Etablieren von Design-Thinking-Schulungen und Workshops für Professionals.

Neben seinem Beruf entwickelt Simon Blake Projekte wie die workation week – eine Inititative für schöneres Arbeiten, unterstützt Start-ups als Mentor und Business Angel. Außerdem spielt er leidenschaftlich Schlagzeug in seiner Band John Franco & the Hindus.

DER ERSTE KONTAKT MIT DESIGN THINKING

Uli Weinberg rief mich im Sommer 2007 an, er hätte etwas, was mich vielleicht interessieren könnte. Ob ich nicht Lust hätte, mal in Potsdam vorbeizuschauen. Als ich ihn dann das erste Mal in den zukünftigen D-School-Räumlichkeiten besucht habe, war zunächst nicht viel zu sehen, außer einer Menge Fotos, die auf dem Boden ausgelegt waren und die Räumlichkeiten der d.school in Stanford zeigten. Anhand der Bilder bekam ich eine »virtuelle« Führung durch das d.school-Konzept. Als Uli mich danach fragte, ob ich Lust hätte, ihm zu helfen, das Ganze in Potsdam aufzubauen, musste ich nicht lange überlegen.

Ich hatte zu dem Zeitpunkt schon seit einiger Zeit im Innovationsbereich gearbeitet, Schwerpunkt digitale Medien und deren Geschäftsmodelle. Als Generalist musste ich häufig mit Experten aus den unterschiedlichsten Bereichen zusammenarbeiten, Konzepte wurden schnell visualisiert und ausprobiert, alles drehte sich um den User. Deshalb war mir vieles aus dem Design Thinking schon sehr bekannt. Ich hatte Elemente daraus jedoch immer intuitiv als persönlichen Arbeitsstil ausgebildet, sei es bei der Gründung meiner ersten Firma kurz vor dem Abitur, als TV-Trailerproducer während des Studiums oder eben als Berater für digitale Medien. Dass es eine Arbeitskultur gab, die explizit diese Art der Arbeit fordert und fördert, war toll, ich fühlte mich direkt zu Hause.

MATTHES DERDACK

Derdack GmbH

ZUR PERSON

Matthes Derdack hat an der Humboldt-Universität zu Berlin Physik und Informatik studiert und graduierte mit einem MBA an der Universität Potsdam. Er begann seine »mobile« Karriere 1995, als er den zweiten Preis beim Innovationspreis »Mobile Datenkommunikation für den Mittelstand« erhielt. Seit 1999 ist er Geschäftsführer der mit zwei Freunden gegründeten Derdack GmbH, die Software für Alarmierung, Kommunikationsautomatisierung und mobiles Störfallmanagement in über 50 Länder verkauft. Er ist Mitglied der Vollversammlung der IHK Potsdam und Mitglied des europäischen Parlaments der Unternehmer (2010 und 2014).

Neben Arbeit und Familie bleibt ihm noch ein wenig Zeit für Wassersport und Laufen.

DER ERSTE KONTAKT MIT DESIGN THINKING

Zum ersten Mal habe ich von Design Thinking umfassend auf dem d.confestival 2012 erfahren und ich muss gestehen, dass es so etwas wie eine kleine Offenbarung war. Ich war damals auf der Suche nach einer Methodik, um unsere Software-Produkte viel zielgenauer an den Bedürfnissen unserer Kunden auszurichten beziehungsweise diese überhaupt erst einmal zu erfassen. Ich bin dann auf den Begriff »Problem Domain« gestoßen, habe weiter recherchiert und bin schließlich beim d.confestival gelandet. Recht schnell habe ich dann versucht, dies im Unternehmen auszuprobieren, da ich vom Potenzial überzeugt war. Mittlerweile ist Design Thinking fester Bestandteil unseres Unternehmens.

FRANK ELSTNER

Elstnertainment

ZUR PERSON

Frank Elstner ist ein Medienmensch durch und durch. Schon als Zehnjähriger spielte er die Titelrolle im Hörspiel Bambi. *Als Zwanzigjähriger begann er seine große Radiokarriere bei Radio Luxemburg, wo er nach wenigen Jahren als Programmdirektor Rundfunkgeschichte geschrieben hat. Mit* Spiel ohne Grenzen, *den* Montagsmalern *und* Wetten Dass...? *hat er in der großen Zeit des deutschen Fernsehens immer in der ersten Reihe mitgespielt. Ob Quiz (800 Folgen* Jeopardy *bei RTL), ob journalistische Unterhaltung (über 500 Sendungen* Menschen der Woche *im SWR-Fernsehen), ob Schadenfreude (sieben Jahre Gastgeber bei* Verstehen Sie Spaß? *in der ARD), ob einfühlsamer neugieriger Journalist (132 Folgen* Die stillen Stars – Nobelpreisträger privat gesehen*) oder ob neugieriger Moderator gemeinsam mit Ranga Yogeshwar in der* Großen Show der Naturwunder *in der ARD, die Vielseitigkeit seiner Einsätze kennt keine Grenzen. Der nimmermüde Entertainer hat gerade im Video des Rappers Cro mitgespielt, ist Namensgeber der Masterclass an der Axel-Springer-Journalistenschule in Berlin und unterstützt das Web-TV-Format »ZUIO.tv«.*

DER ERSTE KONTAKT MIT DESIGN THINKING

Mein erster Kontakt zum Design Thinking kam über Ulrich Weinberg zustande. Er hatte mich eingeladen zu einem Vortrag über *Wetten, dass…?* und die Rolle von erfinderischem Entwickeln, Kreativität und der dafür notwendigen Kultur. Nachdem ich auf diesem Wege die D-School kennengelernt hatte, haben wir im Anschluss vereinbart, ein gemeinsames Studentenprojekt aufzusetzen. In diesem Gemeinschaftsprojekt von D-School, Elstnertainment GmbH, *FAS* und WDR stellten wir die Frage, wie wir es schaffen können, dass Leser die 50 für sie relevanten Bücher (Neuerscheinungen) mithilfe des Internets und elektronischer Medien entdecken.

Foto: © SWR/Jaqueline Krause-Burberg

ACHIM GLEISSNER

Sennheiser

ZUR PERSON

Achim Gleißner ist beim Akustikspezialisten Sennheiser für die Innovations- und Technologiestrategie verantwortlich. Die Sennheiser electronic GmbH & Co.KG ist einer der weltweit führenden Anbieter auf dem Gebiet der professionellen Audiotechnik sowie bei Akustikprodukten für den Privatanwender.

Seit über 20 Jahren liegt der Schwerpunkt seiner Arbeit in der Erschaffung neuer Konzepte »außerhalb der bestehenden Box«, orientiert an den Anwendungsszenarien der Nutzer und an Kundenbedürfnissen. Während seiner Karriere hat Achim Gleißner diverse leitende Positionen in den Bereichen Mobilfunk, Car Audio, professionelle Studiotechnik und Audiotechnik durchlaufen.

Zu seinen Spezialgebieten zählen die Strategieentwicklung und -umsetzung basierend auf einem umfassenden Wissen über technologische Trends und Konsumententrends. Er hält mehrere Patente, verfolgt intensiv die Technologieentwicklung innerhalb und außerhalb der Audiobranche und beschäftigt sich mit den prägenden Megatrends.

DER ERSTE KONTAKT MIT DESIGN THINKING

Design Thinking ist mir seit längerem aus der Theorie bekannt, da Innovationsprojekte und die Innovationstheorie mein tägliches Geschäft sind. Allerdings hatte ich noch nicht die Gelegenheit, eine echte Design-Challenge durchzuführen. Auf dem Convention Camp in Hannover lernte ich im November 2012 durch Zufall Uli Weinberg und das HPI kennen. Aus dieser Bekanntschaft entstand 2013 ein zwölfwöchiges »Advanced Track«-Projekt.

JOCHEN GÜRTLER

SAP

ZUR PERSON

Jochen Gürtler ist studierter Informatiker und blickt auf über 16 Jahre Erfahrung in meist internationalen Software-Projekten zurück. Derzeit ist er als strategischer Design- und Innovationsberater innerhalb der SAP tätig und plant und moderiert in dieser Rolle Design-Thinking- und Co-Innovations-Projekte.

Darüber hinaus ist er freiberuflicher Design-Thinking-Experte, Gestalttherapeut und Business Coach mit eigener Praxis sowie Lehrbeauftragter an der School of Design Thinking am Hasso-Plattner-Institut in Potsdam. Er arbeitet gerne mit Menschen an Lösungen für Menschen, findet gerne neue Ideen und Herangehensweisen abseits der bekannten Pfade. Und er motiviert zu konkreten Resultaten, da diese immer kraftvoller sind als nur diskutierte Möglichkeiten. Ihn interessiert vor allem die Frage, was Veränderung braucht, damit sie geschehen kann. Sowohl im inhaltlichen und organisatorischen Kontext wie auch auf der persönlichen Ebene.

Er ist (Mit-)Autor mehrerer Fachbücher, spielt Trompete und lernt gerne neue Kulturen und Perspektiven kennen. Er lebt und arbeitet in Karlsruhe und Berlin.

DER ERSTE KONTAKT MIT DESIGN THINKING

Im Zuge eines Projektes innerhalb der SAP mit der Segelnationalmannschaft von Deutschland im Frühjahr 2011, das ich als Innovation-Manager aufgesetzt und geleitet habe, wurde beschlossen, Design Thinking – auch in Kombination mit agilen Software-Methoden – einzusetzen und zu erproben. Angeleitet von Johannes Meyer, der damals noch innerhalb der SAP als Design-Thinking-Coach tätig war, durfte ich Design Thinking »von der Pike auf« lernen. Da ein Teil des Teams sich damals in den USA aufhielt, haben wir das Projekt über eine Videokonferenz gestartet und in diesem allerersten Treffen auch die wohlbekannte Geldbeutel-Übung durchlaufen. Damals hat das ganz gut geklappt, trotzdem bin ich aber ein großer Verfechter davon, wann immer möglich Teams vor Ort in einem gemeinsamen Raum arbeiten zu lassen.

Ich bin heute Design Thinker bei der SAP. Design Thinker als Freiberufler, als Dozent. Ich habe zusammen mit Johannes Meyer ein Buch über Design Thinking geschrieben. Ich bin zudem auch Gestalttherapeut und Business Coach und interessiere mich sehr für Meditation, Spiritualität, Heldenreise, Tantra, Männergruppen und die Frage, ob und wie ich all das sinnvoll kombinieren kann.

Dadurch bringe ich immer wieder Menschen aus ganz unterschiedlichen Bereichen zusammen, die sich ansonsten vielleicht nicht treffen würden. Ich bin Grenzgänger zwischen der klassischen Unternehmenswelt, der Welt der Freischaffenden und der universitären Welt. Ich bringe dem Design Thinker den gestalttherapeutischen Ansatz näher, diskutiere mit Kollegen, wie Meditation und Achtsamkeit kreative Teamarbeit fördern kann. Ich lade Start-ups und Freischaffende in die »große SAP« ein und lasse Elemente und Ideen aus dem Design Thinking in meine Coachings einfließen. Und: Ich genieße dieses bunte Allerlei sehr!

VÉRONIQUE HILLEN

Paris Est d.school

ZUR PERSON

Véronique Hillen ist Gründerin und Dekanin der Paris Est d.school, die seit 2012 von der Agence Nationale de Recherche im Auftrag des französischen Ministeriums für Forschung und Lehre gefördert wird. Paris Est d.school ist ein Zusammenschluss, an dem fünf Universitäten (ENPC, E.I.C.P., ENSAVT, ESIEE, UPEM) beteiligt und alle Disziplinen vertreten sind. Angefangen von der Ingenieurswissenschaft (Bauingenieurwesen, Stadtentwicklung, Mathematik, Industrial Engineering, Maschinenbau, Telekommunikation, Elektrotechnik, Informatik) über VWL, Finanzwissenschaft, Sozialwissenschaft, BWL bis hin zur Architektur. Sie lehrt an der EPNC Innovation auf der Grundlage von Design Thinking und Unternehmensstrategie. Seit 2008 ist sie Gastprofessorin in Stanford und in Paris verantwortlich für ME310 Design Innovation in Zusammenarbeit mit Stanford, dem HPI und Aalto. Sie arbeitet eng mit Firmen zusammen, um Design Thinking in der Unternehmenskultur voranzubringen und damit die Geschäftstätigkeit zu erneuern.

Bevor sie sich der Lehre zuwandte, war sie Geschäftsführerin von Euroconsult, einer internationalen Unternehmensberatung mit Spezialisierung auf Satellitenindustrie. Außerdem arbeitete sie für Aerospace in Paris, für die Bank of America in London, MTU in Friedrichshafen und Daimler Benz in Stuttgart.

Sie hat ihren BWL-Master an der ESCP Europe (Paris, Oxford, Berlin), ein doppeltes Diplom für Frankreich (Grandes Ecoles) und Deutschland (Diplom-Kauffrau), dazu einen Master in Technologiemanagement der Hochschule Centrale Paris und einen Master in Strategischer Erneuerung/Corporate Strategy des Conservatoire National des Arts et Métiers. Sie ist Mitautorin eines Buches über Unternehmensstrategie.

Vor kurzer Zeit hat sie ein neues Buch veröffentlicht: 101 Milestones I've Discovered to Innovate thanks to Design Thinking. *Zusammen mit Wissenschaftlern aus dem Innovationsbereich ist ein weiteres Buch in Vorbereitung:* How Creating New Innovation Leaders.

DER ERSTE KONTAKT MIT DESIGN THINKING

2008 habe ich Design Thinking in den Lehrplan des Departments für Industrial Engineering an der École des Ponts ParisTech aufgenommen und 2012 die Paris Est d.school gegründet. Dies geschah mit Unterstützung des französischen Ministeriums für Forschung und Lehre, und baut auf die Entwicklung des Pariser ME310-Programms in Zusammenarbeit mit Stanford auf.

Als ich 2007 an der ENPC, École des Ponts ParisTech, anfing, leitete ich das Department für Industrial Engineering. Damals waren interdisziplinäre Teams als Schlüsselelement der Innovation in aller Munde. Deshalb habe ich 2007 und 2008 einige Lehrexperimente durchgeführt. Dabei habe ich eine Kluft bemerkt zwischen den Ansprüchen der Teams, der Teamdynamik und den Ergebnissen. Es grenzte an ein Wunder, wenn ein Team ein interessantes Ergebnis vorzuweisen hatte. Die meisten waren zerstritten, und es gab kaum Einigkeit, welcher Weg im Innovationsprozess eingeschlagen werden sollte. 80 Prozent haben dann den Kurs irgendwo in der Mitte abgebrochen. Auf Nachfrage gaben sie an, in ihren Abschlusspräsentationen alle gelogen zu haben, wenn sie davon sprachen, wie toll die Arbeit mit den anderen Disziplinen verlaufen war. So hoch die Erwartungen der Lehrteams waren, so tief war die spätere Enttäuschung. Ein Erfolg sah anders aus!

Auf der Suche nach dem Rezept für mehr Zusammenhalt in multidisziplinären Teams brachte mich eine Freundin, Brigitte Borja de Mozota, eine bekannte Designforscherin, mit zwei Wissenschaftlern aus Stanford in Kontakt, die wissen wollten, was in Paris in Sachen

Innovation so laufe. Das war im August 2007. Damals war ich gerade dabei, eine Innovationspreisverleihung durch ein französisches Innovationsobservatorium zu organisieren. Wir hatten 30 Firmen mit interessanteren Erfolgsgeschichten ausgewählt. Zu der Verleihung lud ich Larry Leifer, Philipp Skogstadt und Ade Mabogunje ein. Auf diese Weise traf ich also auf Larry. Ich wusste natürlich, was in Stanford passierte, und ich erzählte ihm, dass ich davon träumte, ein Programm wie das ME310 Design Innovation in Paris zu haben. Freundlicherweise lud er mich ein, sein Umfeld und seine Lehrmethoden als Gastprofessorin zu erkunden, denn, so meinte er, diese müsse man erleben, man könne sie nicht aus Büchern lernen. 2008/2009 kam ich nach Stanford, wo ich auch Gelegenheit hatte, das ME310-Programm zu erleben und viele Kurse der d.school, der Business School und der Art School kennenzulernen. Auch konnte ich über 30 Designer im Silicon Valley interviewen. Mich interessierte ihre Arbeitsweise und die Art, wie sie mit Nachhaltigkeit umgingen. So entdeckte ich Design Thinking und war auch ganz und gar überzeugt, dass man es nicht wirklich begreifen geschweige denn lehren kann, wenn man es zuvor nicht wirklich erlebt hat. Design Thinking beinhaltet Erfahrung, Entdeckungen und Praxis. Man muss es persönlich erleben. Diese Erfahrung hat mich wirklich verändert, weil sie viele meiner Fragen beantwortet hat, mir Gelegenheit gab, einer tollen Gemeinschaft beizutreten und mir neue Perspektiven eröffnete.

PROF. DR. KATHARINA HÖLZLE

Lehrstuhl für Innovationsmanagement und Entrepreneurship, Universität Potsdam

ZUR PERSON

Prof. Dr. Katharina Hölzle, MBA, ist Inhaberin des Lehrstuhls für Innovationsmanagement und Entrepreneurship an der Universität Potsdam. Zuvor hatte sie eine Stiftungs-Juniorprofessur der Deutschen Telekom Laboratorien an der Technischen Universität (TU) Berlin inne. Nach Stationen bei Infineon Technologies, Cap Gemini und einem amerikanischem Start-up hat sie 2008 an der TU Berlin promoviert und sich 2011 habilitiert. Sie lehrt Entrepreneurship, Innovations- und Technologiemanagement im Bachelor-, Master- und Executive Masterbereich. Sie ist seit 2009 Coach an der Hasso Plattner School of Design Thinking. Ihre Forschungsgebiete sind unternehmerisch denkende Menschen, Design Thinking, Innovationskultur, Collaborative und Business Model Innovation sowie Strategic Foresight. Sie berät Unternehmen in Fragen des strategischen Technologie- und Innovationsmanagements.

DER ERSTE KONTAKT MIT DESIGN THINKING

Über Design Thinking hatte ich schon einiges gelesen. 2008 bin ich das erste Mal im Rahmen meiner Lehr- und Forschungstätigkeit im Innovationsmanagement auf die D-School aufmerksam geworden. Zu der Zeit war ich Juniorprofessorin an der TU Berlin. Auf einer Siemens-Tagung bin ich dann mit Simon Blake ins Gespräch gekommen und habe ihm erzählt, dass ich schon immer einmal die D-School besuchen wollte. Vier Wochen später ruft er mich an und fragt, ob ich nicht als Coach arbeiten möchte. Und seitdem bin ich dabei.

ANNIE KERGUENNE

Hasso-Plattner-Institut

ZUR PERSON

Annie Kerguenne ist Entwicklerin und Expert-Coach für Design Thinking Executive Programme an der HPI D-School. Sie ist verantwortlich für das Konzept und die Leitung des »Professional Tracks«, ein über drei Monate laufendes Design-Thinking-Intensivprogramm für Führungskräfte, das in Co-Kreation mit Unternehmen wie der Volkswagen-Gruppe, der Otto-Gruppe, SAP und Görtz entwickelt wurde. Sie hat über 20 Jahre Erfahrung als Creative Brand Planner in globalen Networks sowie unabhängigen Kreativ-Agenturen. Sie hat Strategien und Kampagnen für Unternehmen wie Nestlé, Canon, Bayer, Goldwell und Yakult konzipiert. Ihr interdisziplinäres Studium der Betriebswirtschaftslehre und Psycholinguistik absolvierte sie an der Technischen Universität in Darmstadt.

DER ERSTE KONTAKT MIT DESIGN THINKING

Die Kraft von Kreativität bei der Lösung schwieriger Aufgaben hat mich schon immer fasziniert. Das war meine Motivation, in die Kreativ-Branche zu gehen und als Strategic Planner gezielt Ideen »on demand« für die Lösung von Marketing-Aufgaben zu entwickeln. Als ich 2009 auf einer Konferenz des Art Directors Club Paul Bennett, CCO von IDEO, kennenlernte, hatte ich ein echtes Aha-Erlebnis: Immer wenn es in der Arbeit mit den Teams, den Kunden und Partnern gut funktionierte und wir ein tolles Ergebnis geschaffen hatten, war das nicht etwa Glück – sondern Design Thinking. Design Thinking stellte alle meine positiven Erfahrungen auf eine methodische Basis, die für jeden in jedem Umfeld und für jede Aufgabe anwendbar schien. Als ich einige Zeit später vor der Aufgabe stand, die Fusion von zwei Agenturen operativ umzusetzen, beschlossen wir, mit unseren Führungskräften einen Design-Thinking-Workshop am HPI in Potsdam zu buchen. Die Probleme, die wir lösen mussten, waren umfassend und komplex. Teams aus unterschiedlichen Agentur-Kulturen verstanden sich nicht, die Prozesse passten nicht zusammen und die Unternehmensidentität musste neu definiert werden. Wir haben in den drei Tagen Workshop zwar bei weitem nicht alles lösen können, aber ich habe ein gutes Gefühl für die Kräfte von Design Thinking bekommen, die meiner Meinung nach für unternehmerische Wertschöpfung immer wichtiger werden: Integration, Handlungsorientierung und Sinnstiftung.

CLAUDIA KOTCHKA

Procter & Gamble

ZUR PERSON

Claudia Kotchka ist Senior Executive und Change Agent und hat erfolgreich einen innovativen Wandel der Unternehmenskultur bei Procter & Gamble durchgeführt. Sie verfügt über sehr viel Erfahrung im Innovationsmanagement, in strategischer Nutzung von Designaspekten und dem Marketing von Megabrands. Als Pionierin im Innovationssektor ist sie bekannt und respektiert für ihr strategisches Denken, ihre Qualitäten im Change-Management, ihren Geschäftssinn und ihre erwiesenen Ergebnisse. Ihr positiver Ansatz kann ein ganzes Unternehmen erfassen.

Im Moment berät sie Fortune 500-Unternehmen hinsichtlich Innovation, Design und Aspekte der Unternehmenskultur. Sie ist im Verwaltungsrat von BlackBerry und in seinem Audit Committee. 2009 beendete sie ihre über 30 Jahre währende Karriere bei P&G, wo sie unter anderem Mitglied war im Global Leadership Council, dem Innovation Council und dem Corporate Women's Leadership Team. Ihr Einfluss lässt sich daran ablesen, dass sie unmittelbar dem CEO A.G. Lafley berichtspflichtig war, im Bereich Design Innovation Strategy. Im Bereich Business Model Innovation hatte sie in diesem Zusammenhang Richtlinienkompetenz.

Neuerung, Design, Strategische Markenführung und Change-Management sind die Meilensteine ihrer beruflichen Laufbahn. Während ihrer Zeit bei P&G hat sie dort in einer klassischen Unternehmensstruktur einen dynamischen und dramatischen Kulturwandel eingeführt, der Designfragen in allen Geschäftsfeldern beinhaltete. Dazu gehörte auch das Clay Street Project, ein systematischer und einzigartiger Innovationsansatz für interne interdisziplinäre Teams.

Sie hat den Design- und Innovationswandel dadurch auf den Weg gebracht, dass sie erstmalig mit Erfolg die Suche nach Talenten außerhalb des sonst üblichen Verfahrens durchgeführt hat, denn normalerweise stellt P&G direkt von der Hochschule ein. Um Talente mit Erfahrung einzustellen, musste das Personalwesen an vielen Stellen neu erfunden werden. Auch hat sie Design international auf den Weg gebracht, indem sie Design Center in Asien, Europa und Südamerika gegründet und gleichzeitig in der Firmenzentrale gewirkt hat.

In Anerkennung ihrer Führungs-, Innovations- und Managementerfahrung hat sie eine Vielzahl von Preisen erhalten, darunter den Innovation Leader von Business Week *und den Master of Design von Fast Company. Ihr erfolgreiches Wirken als Innovatorin und Change Agent findet seine Darstellung in* Scaling Up Excellence *von Robert Sutton und Huggy Rao, in* Creative Confidence: Unleashing the Creative Potential Within Us All *von David Kelley und Tom Kelley,* The Game-Changer *von A. G. Lafley und Ram Charan,* The Ten Faces of Innovation *von Tom Kelley,* The Design of Business *von Roger Martin und* Change by Design, How Design Thinking Transforms Organizations and Inspires Innovation *von Tim Brown.*

Sie ist Kuratoriumsmitglied am Cooper-Hewitt Smithsonian Design Museum in New York City. Regelmäßig hält sie Vorlesungen am Institute of Design in Stanford. In Anerkennung ihrer Erfahrung im Innovationsbereich ist sie zum IDEO Fellow ernannt worden.

Sie hat einen Bachelor cum laude in Business Administration der Ohio University in Athens und ist staatlich geprüfte Buchhalterin.

DER ERSTE KONTAKT MIT DESIGN THINKING

Es gab zwei Anläufe. Der eine ergab sich, als ich im Marketing bei P&G gearbeitet habe und Verantwortung hatte für eine sehr kleine Design-Abteilung. Damals nannte man das noch Kunstabteilung, weil niemand so recht wusste, was Design war. Da brachten mir die Designer dann ihre Denkweise bei. Sie haben es nicht Design Thinking genannt, aber ich habe schnell bemerkt, dass ihre Methode, ihre

Art zu denken und Lösungen zu erarbeiten, anders war als alles, was ich gelernt hatte. Später dann hab ich von IDEO gelernt, weil sie für uns Projekte durchführten. Auch Tom Kelleys Buch *The Art of Innovation* habe ich gelesen. Das hat mir die Augen geöffnet.

RAÚL AGUAYO-KRAUTHAUSEN

Sozialhelden e.V.

ZUR PERSON

Raúl Aguayo-Krauthausen, in Berlin aufgewachsen und mit Tatendrang geboren.

Raúl war an der Universität der Künste eingeschrieben, studierte Design Thinking, entwickelte eine Kampagne für den Alternativen Nobelpreis und moderierte eine Radioshow, bei der Menschen mit Problemen anrufen konnten. Diese Konfrontation mit den Themen Armut, Missbrauch und Einsamkeit beeinflussten ihn stark. So entstand zusammen mit Freunden die Idee, die SOZIALHELDEN ins Leben zu rufen. Ein soziales Unternehmen, bestehend aus einer Gruppe außergewöhnlicher Umdenker, kreativer Querköpfe und Ums-Eck-Konformisten. Er initiierte nachhaltige und innovative Projekte wie »Pfandtastisch helfen!«, eine in Deutschland bekannte Pfandspenden-Aktion für soziale Projekte oder »Deutschland sucht den SuperZivi«, eine Radio Casting Show zur Suche des besten Zivis.

Momentan konzentriert er sich ganz auf Wheelmap.org und den Aufbau einer Community um dieses Projekt sowie den Ausbau der journalistischen Informationsplattform Leidmedien.de für eine vorurteilsfreie Sprache über Menschen mit Behinderung.

Im April 2013 verlieh ihm der Bundespräsident das Bundesverdienstkreuz am Bande.

DER ERSTE KONTAKT MIT DESIGN THINKING

Von Design Thinking habe ich von Kommilitonen an meiner Uni, der Universität der Künste Berlin erfahren.

Beim Tag der offenen Tür habe ich mir die HPI School of Design Thinking dann angesehen und war sofort begeistert. Sie befand sich ja auch direkt neben meinem Arbeitgeber, dem Rundfunk Berlin-Brandenburg.

JULIA LEIHENER

Creation Center der Telekom Innovation Laboratories

ZUR PERSON

Julia Leihener ist Service Designerin und Gründungsmitglied im Creation Center der Telekom Innovation Laboratories in Berlin. Ursprünglich als Produkt- und Prozess-Designerin ausgebildet, entwickelt sie seit über neun Jahren konsumentenorientierte Zukunftsvisionen für die Kommunikationsbranche.

Sie studierte an der Universität der Künste in Berlin und am Royal College of Arts in London. Nicht nur im Studium, sondern auch als Ideation Managerin bei Product Visionaires, einem Thinktank von Siemens Mobile/BenQ Mobile, und während freiberuflicher Tätigkeit in der Trendforschung und Critical Design Thinking, beschäftigt sie sich mit den Auswirkungen neuer Technologien auf die Gesellschaft. Design-Research-Methoden, Ideengeneration von innovativen Service- und Produktkonzepten, Workshopmoderation und -kommunikation sind Teil ihrer täglichen Arbeit. Seit 2008 ist sie im Creation Center aktiv und ist unter anderem Projektleiterin des Service-Design-Research-Projektes »eEtiquette – 101 Leitlinien für die digitale Welt«.

Seit 2010 ist sie parallel als Teacher an der School of Design Thinking am Hasso-Plattner-Institut in Potsdam aktiv.

DER ERSTE KONTAKT MIT DESIGN THINKING

Ich habe Produktdesign an der Universität der Künste Berlin und am Royal College of Art in London studiert, bin also mit dem Design Thinking quasi groß geworden. Zudem habe ich in von IDEO aufgebauten Thinktanks in der digitalen Kommunikationsindustrie gearbeitet und das Creation Center der Deutschen Telekom nach dem Prinzip des Design Thinking aktiv mit aufgebaut.

ROBIN MEHRA

tiefenschärfe

ZUR PERSON

Robin Mehra studierte Wirtschaftswissenschaften an der Humboldt-Universität zu Berlin. Er war als sogenannter »First Prototype«-Student der ersten Stunde an der School of Design Thinking am HPI und wurde dort unter anderem von IDEO ausgebildet. Dem Institut blieb er durch seine nachfolgende Tätigkeit als langjähriger Teacher an der D-School sowie als Konzepter und Coach im Bereich der Executive Education für die HPI Academy stets verbunden.

Seit mehreren Jahren fokussiert sich Robin Mehra mit seiner Agentur tiefenschärfe auf die Implementierung von Innovationsprozessen in großen Unternehmen. Initiierung, Begleitung und Orchestrierung verschiedener nutzerzentrierter, auch parallel laufender Innovationsprojekte fallen dabei ebenso in seinen Kompetenz- und Tätigkeitsbereich wie der Aufbau von unternehmenseigenen Innovationsunits und die Skalierung von Design Thinking. Grundsätzliches Anliegen seiner Arbeit ist ihm die Schaffung produktiver Synthesen zwischen den jeweiligen Nutzer- und Unternehmenskontexten. Robin Mehra liebt Überraschungen und spricht Dinge an, die viele denken, aber keiner zu sagen wagt.

DER ERSTE KONTAKT MIT DESIGN THINKING

2007 erzählte mir eine Freundin von einer »Verrücktenschule«, der D-School, die demnächst eröffnet werde und die ich unbedingt ausprobieren solle. Ich stand kurz vor meinem Abschluss als Volkswirt und das Thema Innovation trieb mich zum damaligen Zeitpunkt stark um. Jedoch fehlte mir meistens der interdisziplinäre Austausch, von dem ich mir erhoffte, Probleme umfassender begreifen und holistische Antworten geben zu können. Ich war frustriert, dass es für alles einen Experten gab, aber nichts, das unterschiedliches Expertenwissen bündelte. In dieser Hinsicht war ich auf der Suche nach alternativen Ansätzen.

Bei einem zufälligen Gespräch mit einem Biologen im privaten Rahmen, in dem es um Wachstumstheorie ging, konnten wir feststellen, dass wir uns eigentlich mit sehr ähnlichen Sachen beschäftigen. Nur dass die eine Sache etwas mit Geldmengen und ihrer Steuerung und die andere etwas mit der Entwicklung von biologischen Organismen und dem Wachstum von Zellen zu tun hat. Lustigerweise benutzten wir sogar ähnliche Rechenmodelle, was uns bis dahin nicht im Mindesten klar war. Es wäre schön gewesen, sich darüber auch in einem institutionellen Rahmen austauschen zu können. Festzustellen, dass man sehr ähnliche Dinge tut und dass man sich gegenseitig stark befruchten und voneinander lernen könnte.

JOHANNES MEYER

HPI Academy

ZUR PERSON

Johannes Meyer leitet als General Program Manager die Professional-Programme der HPI Academy. Neben der Konzeption und Moderation offener Methodentrainings unterstützt er Unternehmen in kompakten Workshop-Formaten dabei, Design Thinking auf eigene Innovationsfragestellungen anzuwenden. In zahlreichen Projekten hat er so Teams aus verschiedenen Industrien bei der kreativen Entwicklung von Produkten, Services, Marken und Prozessen begleitet.

Er war als Lehrer in Sri Lanka und studierte in Potsdam und Atlanta Kulturwissenschaften, Medien und Betriebswirtschaft. Nach dem Zusatzstudium an der D-School wurde er Design Thinking Consultant bei SAP und arbeitete an Innovationen für Rechnungswesen, Handel und Banken. Seine Konzernerfahrung hilft ihm, Design-Thinking-Programme zu gestalten, die empathisch an die Realität von Unternehmen anknüpfen. Neben seiner Arbeit ist er Sänger einer Berliner Rockband, begeisterter Koch und Rucksackreisender.

DER ERSTE KONTAKT MIT DESIGN THINKING

Ich habe an der Uni Potsdam studiert und stand eines Tages auf dem Campus vor einem Poster, auf dem so etwas stand wie: »Gehörst du zu den Querschlägern in deinem Studiengang?« Da fühlte ich mich sehr verstanden. Mein eigenes Studium war aus Kultur, Medien und BWL schon relativ zusammengewürfelt, ein Studiengang mit *allen*

Disziplinen und *allen* Themen passte irgendwie zu mir. Ich ging also »über die Straße«, um die D-School kennenzulernen, war begeistert und lauerte dann während meines Studiums in den USA über Monate auf den Beginn des Bewerbungsverfahrens. Ich wurde Student im zweiten Jahr der D-School und seitdem hat mich das Thema. Die Community, die Anwendungsbreite und die Flexibilität zur Entwicklung eigener Methoden faszinieren mich.

BETTINA MICHL

tiefenschärfe

ZUR PERSON

Bettina Michl ist Gründerin und Geschäftsführerin von tiefenschärfe. In dieser Position erarbeitet sie Strategien für die Einführung und Anpassung von Design-Thinking-Ansätzen in unternehmerische Kontexte. Gleichzeitig unterstützt sie Projekt-Teams verschiedenster Konstellationen, die Methoden des nutzerzentrierten Design zur Entwicklung neuer Produkte und Dienstleistungen oder zur Gestaltung interner und externer Prozesse anzuwenden.

Ihre mehrmonatigen Auslandsaufenthalte in Kansas City, Barcelona, Paris und Kalifornien prägen sie sprachlich, gesellschaftspolitisch und kulinarisch. Nach ihrem Diplom in Politikwissenschaft arbeitete sie in verschiedenen Kommunikationsagenturen und in der Politikberatung. Nach dem Zusatzstudium an der D-School und dem Abschluss als Diplomkauffrau arbeitete sie in verschiedenen Innovationsprojekten für die Nahrungs- und Genussmittelindustrie sowie im Medien- und Unterhaltungsbereich. Seit 2009 berät sie mit tiefenschärfe unterschiedlichste Marktführer im Maschinen- und Anlagenbau, in der Software-Industrie, im Online-Handel und Gesundheitswesen. Sie ist seit 2011 Mitglied des Teachingteam der School of Design Thinking in Potsdam.

DER ERSTE KONTAKT MIT DESIGN THINKING

Ich hatte das Glück, den ersten Jahrgang der D-School Potsdam besuchen zu dürfen. Am Schwarzen Brett hatte ein Zettel gehangen, die Anmeldefrist war eine Woche später und ich war wie immer spät dran, daher eine Woche darauf persönlich hingefahren, hatte meine Bewerbung vor die Tür im dritten Stock gelegt und war eingeladen worden. Aber *wie* es dazu kam, war die eigentliche Überraschung.

Ursprünglich war mein Grund, Politik- und Wirtschaftswissenschaften zu studieren, der massive politische und wirtschaftliche Strukturwandel in Ostdeutschland nach der Wende gewesen. Von dem neuen politischen System mit seinen Freiheiten überzeugt, hatte ich auch die Schattenseiten der desolaten wirtschaftlichen Lage erlebt und deren Auswirkungen auf die ostdeutsche Gesellschaft, meine Familie, meine Freunde und unsere Gemeinde intensiv zu spüren bekommen. Als Auswege wurden ziemlich ritualisiert wirtschaftliches Wachstum, Produktivitätsgewinne und Innovationen hergebetet. Aber wie kommt es dazu, wenn scheinbar die besten Produkte und sinnigsten Dienstleistungen doch schon in Westdeutschland erdacht und produziert wurden? Wie werden Regionen innovativer? Wie entstehen wirtschaftlich erfolgreiche Unternehmen? Woher kommen die Voraussetzungen dazu?

Diese Fragen blieben für mich offen. Sie wurden in meinem ersten Job als Policy Analyst in einem EU-weiten Projekt zur regionalen Innovationspolitik trotz quantitativer und qualitativer Grundlagenforschung, hochkarätiger Experten und erheblichem Wissenszuwachs meinerseits am Ende nicht beantwortet. Die Management-Literatur und unsere BWL-Dozenten hingegen hatten sehr einleuchtende organisatorische Modelle für dezentrale Teamarbeit, eigenverantwortliche Profit-Center, Vorschlagswesen, Strategien für erfolgreiches Change-Management, Durchbrechen von Silodenken, Interdisziplinarität und externe Inspiration in der Produktentwicklung, strategisches Brandmanagement und holistische Markenführung etc. Nur in der Praxis hatte ich das selten *erlebt*.

Dann machte ich mich auf die Suche, weil ein Diplomthema anstand und ich gern diesen Fragen auf den Grund gehen wollte. Ein engagierter junger Professor war gerade berufen worden, der meine

Abschlussarbeit betreuen würde. Also setzte ich mich in Vorlesungen, fragte Kommilitonen, worüber sie ihre Hausarbeiten bei ihm schrieben und stolperte über IDEO. Ich werde nie vergessen, wie ich beim Lesen dachte: Wow! Die leben tatsächlich all das, was sonst immer nur theoretisch empfohlen wird! Und dann stieß ich auf die d.school Stanford und wurde traurig, denn die war das i-Tüpfelchen, aber unerreichbar für mich. Und dann merkte ich auch noch, dass Hasso Plattner sich dort engagierte! Warum nur bezahlte Hasso Plattner *denen* diese Ausbildungsstätte und hier, an *seinem* Institut in Potsdam, gleich nebenan, nicht?

Mein Themenfokus wechselte aus pragmatischen Gründen dann doch von »Ideen-Schmieden« zu »Regionalen Wissenstransferprozessen«, zu denen ich schließlich drei Jahre geforscht hatte. Aber nach meinem letzten Gesprächstermin über Gliederungsdetails schlenderte ich am Schwarzen Brett im Unihauptgebäude vorbei und etwas auf einem Zettel daran riss mich aus meinen Gedanken und in einen anderen Orbit.

MARCEL PLAUM

Fraport

ZUR PERSON

Marcel Plaum ist Leiter des Bereichs Terminalentwicklung am Flughafen Frankfurt. Nach Beendigung seines Studiums der Wirtschaftsgeografie, Volkswirtschaftslehre und der Internationalen Technischen und Wirtschaftlichen Zusammenarbeit trat er in das Berufsleben ein und ist seit nunmehr 15 Jahren im Dienste der heutigen Fraport AG beschäftigt. Die Aufgaben im Bereich Terminalentwicklung sind vielschichtig und komplex. Neben der Bereitstellung von Planungsgrundlagen, der Bedarfsermittlung, Kapazitätsberechnung und der Dimensionierung der Passagieranlagen, die stark auf Analysen und Simulationen beruhen, müssen Prozesse auch im Detail verstanden und optimiert werden.

Trotz einiger Verletzungen und schlechter Technik hat er es zum Kapitän der Fraport Alte Herren Fußballmannschaft geschafft. Er ist sehr altmodisch und kauft seine Musik noch auf Vinyl oder CD, da man Downloads so schlecht in die Hand nehmen und nicht ins Regal stellen kann. Treffen kann man ihn auf Konzerten, beim Fußball, im Café oder auf Reisen, am liebsten dann in London, Sevilla oder Sydney.

DER ERSTE KONTAKT MIT DESIGN THINKING

Nachdem ich über das D-School-Projekt »Sicherheits-Trolley« auf Design Thinking aufmerksam geworden war, wollte ich mehr wissen. So kam es 2010 zu meiner ersten Design-Challenge, die ich im Rahmen eines gemeinsamen Projekts mit der HPI School of Design

Thinking erlebte. Die – recht komplexe – Aufgabenstellung war, eine Vision für einen Sicherheitsprozess der Zukunft an Flughäfen zu entwickeln. Neben dem Aspekt der Sicherheit ging es darum, ein komfortables, schnelles und günstiges System zu entwickeln. Nach dem ersten Brainstorming mit dem Team in Potsdam bin ich mit extremer Euphorie nach Hause gefahren. Eine so belebte und kreative Sitzung, in der schon viele tolle, ausgesprochen motivierende Ideen entwickelt worden sind, hatte ich sonst noch nie erlebt. Alle Beteiligten waren hochkonzentriert und dabei regelrecht enthusiastisch bei der Sache. Es herrschte durchgehend eine positive Atmosphäre, die mich besonders beeindruckt hat. Mein erstes Design-Thinking-Erlebnis war wie ein Rausch.

MARGRET RASFELD

Evangelische Schule Berlin Zentrum

ZUR PERSON

Margret Rasfeld ist Schulleiterin der Evangelischen Schule Berlin Zentrum (ESBZ), Bildungsinnovatorin, Autorin, Referentin sowie Mitgründerin der Initiative »Schule im Aufbruch«. Seit 1976 im Schuldienst, hat Margret Rasfeld die Gesamtschule Borbeck in Essen als Didaktische Leiterin aufgebaut und die Gesamtschule Essen Holsterhausen gegründet und aufgebaut. 2007 gründete sie die Evangelische Schule Berlin Zentrum. 2012 war sie Expertin im Zukunftsdialog der Bundeskanzlerin »Wie wir morgen lernen«. Sie ist ausgezeichnet mit dem Vision Award 2012 und Querdenker Award 2013. Ihre Schule hat unter anderem 2013 den KARG Preis für Hochbegabtenförderung gewonnen und wurde 2014 als ChangeMaker School von Ashoka Deutschland ausgezeichnet.

DER ERSTE KONTAKT MIT DESIGN THINKING

Als ich von Design Thinking erfahren habe, war mir sofort klar, dass die D-School ein wichtiger Kooperationspartner für unsere Schule ist. Unsere grundsätzliche Haltung ist die gleiche: Wir brauchen radikale Kollaboration, verbunden mit Herzkraft, Entrepreneurgeist und Gemeinsinn. So kam es zu den ersten Gesprächen mit Uli Weinberg und zu ersten Pilotprojekten mit der Evangelischen Schule Berlin Zentrum.

Meine Überzeugung ist: Wir brauchen einen Paradigmenwechsel in unseren Schulen, weg von der Wissensvermittlung hin zur Lernkultur der Potenzialentfaltung. Die Bildungstransformation braucht ein breites Bündnis aller Akteure. Wir brauchen Vision, Beispiel, Mut. Die ESBZ denkt Schule neu, gestaltet Lernen neu, verankert zentral Innovation, Unternehmergeist, Verantwortung und Gemeinschaftssinn. Wir haben Fächer wie »Herausforderung«, in denen sich unsere Schülerinnen und Schüler drei Wochen einer selbstgewählten Herausforderung stellen. Unsere Schülerinnen und Schüler lernen in sogenannten Lernbüros, gestalten selbstorganisiert ihre eigenen Lernpfade. Wir setzen radikal auf interdisziplinäre Projektarbeit und im System angelegte Internationalität. Die Förderung von Teamarbeit ist bei uns eine Querschnittsaufgabe.

Die ESBZ ist ein Ort der Innovation und des Musterbrechens, doch alleine können wir nur an kleinen Rädchen drehen. Wir suchen nach mutigen Partnern, um Veränderung im Bildungsbereich anzustoßen. Mit der School of Design Thinking haben wir so einen mutigen Partner gefunden!

HOLGER RHINOW

HPI-Stanford Design Thinking Research Program

ZUR PERSON

Holger Rhinow ist Doktorand am Hasso-Plattner-Institut, im Design Thinking Research Program. Er beschäftigt sich mit der Frage, wie Design Thinking in Unternehmen eine Veränderung hervorruft. Als Programmmanager an der HPI Academy gestaltet Holger Rhinow darüber hinaus Formate und Workshops für Unternehmen.

DER ERSTE KONTAKT MIT DESIGN THINKING

Bis weit in mein Studium hinein hatte ich kein wirkliches Verständnis davon, was Design geschweige denn Design Thinking sein könnte. Design und Dekoration, das waren synonyme Begriffe in meinem Verständnis. Schöne Verpackungen für Produkte, die sich Unternehmer, Marketingleute und andere Experten ausgedacht haben. Ich hatte nur ein vages Verständnis davon, was einen Designer von diesen Leuten unterscheiden könnte und woran ich den Wert eines Designs hätte bemessen sollen.

Das änderte sich erst während eines Aufbaustudiums an der Technischen Universität in Berlin in den Seminaren von Professor Bolz, durch den ich an die Grundwerke der Designwissenschaften, beispielsweise von Herbert Simon und Donald Schön, herangeführt wurde. Nach meinem Studium habe ich einige Jahre in der Innovationsberatung gearbeitet, immer auf der Suche nach einem pragmatischen Fundament für die Ideen aus den Designwissenschaften. Schließlich bin ich über eine Kollegin auf die HPI School of Design Thinking aufmerksam geworden und wusste sehr schnell, dass ich hier mitmachen wollte.

Mein erster Design-Thinking-Workshop in Berlin war in einem bunt gemischten Team aus Designern und Studierenden aus Deutschland, Finnland und Schweden. Wir haben innerhalb weniger Stunden eine Idee dafür entwickelt, wie Zivilcourage im öffentlichen Raum gestärkt werden kann. Wir haben herausgefunden, dass die meisten, wenn sie ein Verbrechen erleben, nicht eingreifen, weil sie Angst haben, allein dazustehen. Daher haben wir eine App entwickelt, mit der sich einander fremde Menschen in unmittelbarer Nähe eines Verbrechens auf kurzem Wege signalisieren können, dass sie bereit sind, einzugreifen oder nicht. Auf diese Weise findet sich eine kritische Masse an couragierten Leuten, ohne dass sie davor verbal kommunizieren müssten. Wir alle im Team hatten zunächst kaum eine Ahnung von dem Thema und haben es dennoch geschafft, in kurzer Zeit eine gemeinsame Idee zu gestalten, die uns in dieser Form zuvor noch nie gekommen war. Sie war originell und das Ergebnis einer starken gegenseitigen Empathie. Das hat mich damals umgehauen. Ich glaube, dass viele Design Thinker sich in ähnlicher Weise an ihre erste Lösung erinnern werden.

PROF. DR. BERNARD ROTH

d.School Stanford

ZUR PERSON

Prof. Dr. Bernard Roth ist Rodney H. Adams Professor für Ingenieurwissenschaft an der Stanford University. Für seine zahlreichen Veröffentlichungen in den Bereichen Design, Kinematik, Robotik, Kreativität und Bildung. Zu seinen akademischen Auszeichnungen gehören: sieben Mal Best Paper Award (ASME), die Melville Medaille, der Mechatronics Achievement Award (MESA), der Outstanding Design Educator Award (ASME), J. F. Engleberger Award (IFR), Pioneer in Robotics Award (IEEE) und der Robotics and Automation Award (IEEE), dazu Ehrendoktorwürden der Universitäten Paris und Casino. Er hat Beratertätigkeiten in Industrie und Politik übernommen und war Geschäftsführer verschiedener Firmen. Er war Präsident der International Federation for the Promotion of Mechanism and Machine Science (IFToMM) und hatte den Vorsitz der Design Engineering Division von ASME inne. Er organisiert Workshops zu Kreativität und Personal Effectiveness. Bernard Roth ist einer der Gründer der d.school in Stanford und fungiert zurzeit als deren Akademischer Direktor.

DER ERSTE KONTAKT MIT DESIGN THINKING

Genau genommen fing bei mir alles im August 1962 an. Damals traf ich das erste Mal John Arnold. Er war Professor für Maschinenbau und Betriebswirtschaftslehre in Stanford. Dort hatte er eine Arbeitsgruppe gegründet, die sich Comprehensive Design Division nannte. Zufällig hatte John eine Druckerpresse im Keller seines Hauses, wo er alles

Mögliche an Schildern und Aufstellern druckte, so dass es den Anschein hatte, seine neu geschaffene Comprehensive Design Division sei eine etablierte Sache. Das war lange bevor Leute auch nur im Traum an die Möglichkeit dachten, so etwas wie Computer und Drucker zuhause oder im Büro zu haben.

Neben seinem Job an der Uni betätigte John sich als Unternehmensberater für Firmen wie General Motors. Auch veranstaltete er spezielle Kurse und Workshops, die so außergewöhnliche Teilnehmer hatten wie Richard Buckminster Fuller oder den Psychologen Abraham Maslow. Die Handreichungen aus diesen Workshops enthalten schon viele der Konzepte, die wir heute als Design Thinking bezeichnen.

Einen Monat nachdem ich John Arnold kennengelernt habe, zog ich mit meiner Familie von New York nach Kalifornien, um in dieser Gruppe mitarbeiten zu können. In meinem ersten Jahr in Stanford starteten John Arnold und Bob McKim ein Programm, das sie Product Design nannten und das die Funktionalität von Produkten, aber auch ihren Entwurf und ihre Ästhetik beinhaltete. Dieses Product Design Program hatte sehr viel mit dem zu tun, was man Bedürfnissuche nannte und was von heutigen Design Thinkern als Empathie, Aufgabendefinition und Point of View bezeichnet wird. Auch das Prototyping und das Lernen aus Fehlern wurden in diesem Programm sehr hervorgehoben. David Kelley ging mit einem Abschluss aus dem Programm hervor und die beiden anderen Gründer von IDEO, Bill Moggridge und Mike Nuttall, unterrichteten im Product Design Program. Schließlich gab es noch Einflüsse aus HCI (Mensch-Maschine-Interaktion), BWL, Psychologie, Theater, Soziologie und anderen Disziplinen.

Als wir vor ungefähr zehn Jahren anfingen, von der Gründung einer d.school zu sprechen, benannten sich die Leute von Product Designer in Design Thinker um. Das war das erste Mal, dass ich den neuen Namen als Bezeichnung für ein ganzes Set an Werthaltungen und Aktivitäten hörte, mit denen ich eigentlich schon seit 40 Jahren vertraut war.

MATTHIAS SCHMITT

SAP

ZUR PERSON

Matthias Schmitt ist Vice President bei SAP SE und seit 2011 Leiter von zwei globalen Bereichen, die vorkonfigurierte Paketlösungen auf Basis von SAP-Software im Umfeld Kundenbeziehungsmanagement und Business Analytics bauen. Davor war er von 2000 an als SAP-Beratungsleiter für die Einführung von Softwarelösungen für Kundenbeziehungsmanagement bei zahlreichen internationalen Kunden verantwortlich. Vor seiner Zeit bei SAP hat Matthias Schmitt bei Siemens (1991 bis 2000) als Software-Entwickler, Projektierungsingenieur und Produktmanager im Umfeld von Prozessautomatisierung gewirkt.

Heute stellt er in seinen Bereichen sicher, dass SAP-Lösungen für Kunden auf Basis von Best Practices für Industrien und Fachbereiche möglichst schnell eingeführt werden können. Dies muss sowohl für klassische Lösungen in der Kundensystemlandschaft realisiert werden als auch für Cloud-Lösungen. Bereits im Jahr 2011 hat Matthias Schmitt mit der Einführung von Design Thinking begonnen, um eine Erhöhung der Kundenorientierung beim Lösungsbau und auch eine Steigerung der Effektivität in der Zusammenarbeit der weltweit verteilten Teams innerhalb und außerhalb seiner beiden Bereiche zu ermöglichen.

DER ERSTE KONTAKT MIT DESIGN THINKING

Im Rahmen der geplanten Einführung von Design Thinking bei SAP wurden im Juni 2011 die L2- und L3-Manager zu zwei Tages-Workshops an das HPI in Potsdam eingeladen. Damals kannte ich das

Thema als Lehrfach noch nicht und konnte insbesondere mit dem Namen noch nichts anfangen.

Bei SAP wurde die Design-Thinking-Initiative mit Informationen und Postern von Hasso Plattner und Jim Hagemann Snabe im August 2011 in die Breite ausgerollt.

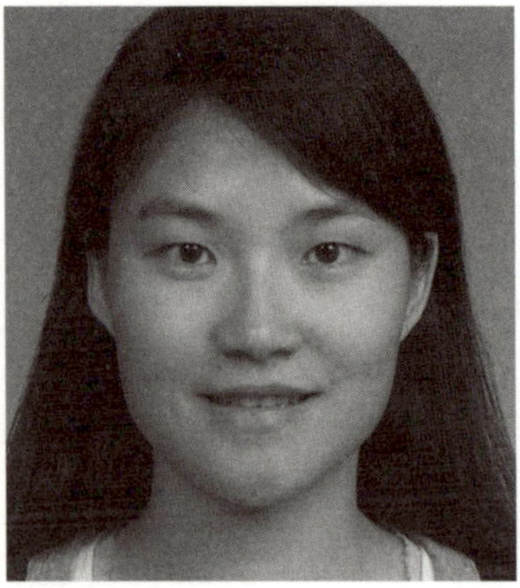

SHUI LINLIN

D-School an der Communication University of China

ZUR PERSON

Shui Linlin studierte von 2000 bis 2004 Informatik am Pekinger Broadcasting Institute und ist seit Juli 2006 Dozentin an der Communication University of China (CUC), wo sie Design und Entwicklung von Spielen für Smartphones unterrichtet. Von 2007 bis 2010 war sie Leiterin des News Center der Animation School und von 2010 bis 2013 Leiterin des Departments Kommunikation und Kooperation der Animation School. Momentan leitet sie das Design Thinking Innovation Center der Fakultät für bildende Künste an der CUC.

Im Wintersemester 2011 hatte sie einen Studienaufenthalt an der School of Design Thinking, Hasso-Plattner-Institut Potsdam. Sie verfügt über gute Medienerfahrung durch ihre Arbeit für Sichuan Radio und Fernsehen im Bereich Werbung und ihre Arbeit als Ton- und Video-Editor im Kinderprogramm von China Central Television. Sie ist Mitbegründerin von Play Together Technology Co., Ltd. (2013). Zu ihren Interessen gehören Filme, Reisen, Ernährung und Gesundheit.

DER ERSTE KONTAKT MIT DESIGN THINKING

Ich kam mit einer Delegation der Communication University of China nach Potsdam, wo Professor Ulrich Weinberg uns durch das Institut führte und dabei von seiner revolutionären Philosophie berichtete. Damals war ich sehr beeindruckt und habe mich deshalb um die Teilnahme an einem SAP-Workshop im Oktober 2010 bemüht.

Unsere Aufgabe damals lautete: Wie können wir älteren Leuten bei der Handy-Nutzung helfen?

Ich war mit meinem Kollegen Professor Lu Shengzhang unterwegs. Wir waren beide sehr gespannt auf den Workshop und haben darüber sogar den Verlust unseres Gepäcks auf dem Anschlussflug über Frankfurt vergessen. Die ganze Zeit über haben wir dann auf dem Rückweg über Design Thinking gesprochen und beschlossen, die CUC zu überzeugen, die erste D-School Chinas zu eröffnen.

MARCUS STÜTTGEN

Janssen

ZUR PERSON

Marcus Stüttgen leitet das New Business Development (NBD) in Deutschland und ist Mitglied des EMEA NBD Leadership Teams von Janssen. Durch seine Funktion hat er Verantwortung für die Optimierung des Portfolios und das Innovationsmanagement. In diesem Zusammenhang setzte er sich für eine firmeneigene Design-Thinking-Initiative, die »Janssen d.school«, ein. Sie soll kreative ganzheitliche Lösungen für den Patienten voranbringen und Janssen in der Entwicklung weg von einem reinen pharmazeutischen hin zu einem Gesundheitsunternehmen der Zukunft unterstützen. Vor seiner jetzigen Aufgabe hatte er verschiedene Positionen in Marketing und Strategieentwicklung inne und arbeitete auch in der Firmenzentrale in den USA, New Jersey. 1998 machte er seinen MBA-Abschluss in Köln.

DER ERSTE KONTAKT MIT DESIGN THINKING

Wir haben bei Janssen eine Innovationsinitiative gestartet und wollen uns entsprechend unserer Vision Janssen 2020 vom eher klassischen Pharmaunternehmen zum umfassenden Gesundheitsunternehmen entwickeln. Wir haben in dem Rahmen verschiedene Innovationsmethodiken und -richtungen und -strömungen identifiziert. Innerhalb dieses Prozesses sind wir dann sehr schnell auf Design Thinking gestoßen. Danach folgten Gespräche, die Kontaktaufnahme zum HPI und insbesondere zu Prof. Ulrich Weinberg. Recht bald haben wir dann das erste Studentenprojekt aufgesetzt.

DR. JULIA VON THIENEN

HPI-Stanford Design Thinking Research Program

ZUR PERSON

Dr. Julia von Thienen studierte Psychologie an der Freien Universität Berlin und promovierte im Bereich Forschungsmethodik zum Thema Kausalität. Sie lehrte Forschungsmethodik und Wissenschaftstheorie an der Freien Universität Berlin und der University of Chicago. Im Bereich der Forschungsmethodik untersucht sie vor allem, wie die Disziplinen Psychologie, Neurowissenschaft und Medizin gemeinsame Wissensbestände aufbauen können, obwohl sie mit teilweise gegensätzlichen methodischen Forschungsmaßgaben arbeiten. Zudem untersucht sie, wie im Bereich der Forschungsmethodik Innovationen sinnvoll vorangebracht werden können.

Seit 2008 ist Julia von Thienen im Rahmen des Design Thinking Research Program für das Hasso-Plattner-Institut Potsdam tätig. In diesem Zusammenhang beschäftigt sie sich mit der Wirkung von Räumen, dem Austausch von Arbeitsstrategien zwischen Design Thinking und Psychotherapie, dem Lenken von Stimmungen und Energien in Design-Thinking-Teams sowie mit der Nutzung von Design-Thinking-Errungenschaften im Arzt-Patient-Kontakt. Ein weiterer Forschungsschwerpunkt ist die Design-Thinking-Theorie, auch unter historischen und wissenschaftstheoretischen Gesichtspunkten.

DER ERSTE KONTAKT MIT DESIGN THINKING

Zum Design Thinking kam ich durch einen großen Zufall. Aber bald hat es mein Leben so stark verändert, dass ich heute gar nicht mehr wüsste, wo ich im Leben stehen würde, wenn es diesen Zufall damals nicht gegeben hätte.

Vor gut fünf Jahren wollte ich eigentlich als Forschungsmethodikerin arbeiten. So entdeckte meine Familie beim Durchblättern der Tageszeitung ein Inserat, das ihre Aufmerksamkeit erregte. Am Hasso-Plattner-Institut an der Universität Potsdam suchte man unter anderem Methodiker, um »Design Thinking« wissenschaftlich gründlich unter die Lupe zu nehmen. Von Design Thinking hatte ich vorher noch nicht gehört. Aber die Idee, wissenschaftliches Neuland zu betreten und etwas gründlich zu untersuchen, was offenkundig von großem praktischem Nutzen war, gefiel mir auf Anhieb gut.

Auf einem ersten Einführungsworkshop lernte ich das Design Thinking dann kennen. Alles daran war für mich neu. Schon der Veranstaltungsort, die D-School an der Universität Potsdam, erregte beim Eintreffen meine Verwunderung. Universitäten kannte ich als Gebäude, in denen nur die Gedanken farbig waren. Andere deutsche Universitäten betrat man doch oft über leicht schmuddelige Gänge, die in neonlichtgetränkten Hörsälen mündeten. Einen Ort wie die D-School in Potsdam hatte ich noch nie gesehen. Als ich zum Einführungsworkshop eintraf, wirkte auf Anhieb alles einladend und irgendwie familiär. Da gab es rote Sofas (auffälligerweise auf Rollen), Getränke und Obst, ein kleines Regal voller ansprechender Bücher und einen reichen Fundus an Bastelmaterialien, der zum Tätigwerden einlud. Jedem war sofort klar, dass hier nicht dieselben Verhaltensregeln gelten würden wie in anderen Universitätskursen. Weder war absehbar, was an diesem Ort passieren würde, noch, was die eigene Rolle dabei sein sollte. Wie ein Kind würde man also Augen und Ohren offen halten. Wer im Raum war wohl schon länger dabei?

Wie verhielten diese Leute sich? So konnte man immerhin erahnen, welches Verhalten hier geboten wäre.

Wie schon der Veranstaltungsort des Einführungsworkshops, so waren auch die folgenden Design-Thinking-Arbeitsaufträge für mich sehr ungewohnt. Wir erhielten beispielsweise Fotos aus dem Leben einer Person. In kleinen Teams sollten wir herausfinden, wer die Person war, die einen Tag lang Szenen in ihrer Umgebung wie den Frühstückstisch und ihren Arbeitsplatz fotografiert hatte, und wir sollten Fragen zu der Person beantworten. Sehr überraschte mich die Instruktion, im Zweifelsfall zu raten und sich die Antworten einfach auszudenken. Wohl entsprach es noch meinem Verständnis von wissenschaftlich seriösem Vorgehen, dass man wie Sherlock Holmes versuchen würde zu analysieren, wer die Szenen tatsächlich aufgenommen hatte. Immerhin handelte es sich dabei offenkundig um reale Personen. Aber sich einfach Antworten auszudenken? War so etwas nicht unseriös?

Auch die Art der Fragen überraschte mich sehr. Es ging zum Beispiel um die »drei meistgewählten Telefonnummern«, die »Markentreue« und die »zehn größten Bugs« im Leben der Person. Nie zuvor hatte ich Menschen so charakterisiert. Wenn ich Freunden von einem neuen Bekannten berichtete, würde ich normalerweise nicht sagen: »Automarken sind ihm egal, aber beim Kaffee soll es Nespresso sein. Neben seiner Freundin ruft er auch seine Mutter sehr regelmäßig an. Und am meisten nervt ihn sein übervoller Terminkalender, in dem von Montag früh bis zum Wochenende kaum leere Zeilen zu entdecken sind.« Dabei sagt man auf diese Weise doch durchaus Wichtiges über eine Person aus.

Zeit zum Zögern und Nachdenken blieb auf dem Einführungsworkshop wenig. Schon sehr bald sollten die Ergebnisse der Teams vor einem vergleichsweise großen Publikum präsentiert werden. Also blieb nur eines übrig: Alle Diskussionen über Details beenden, Spekulationshemmungen ablegen und wüst drauflos raten. Ich war überrascht, wie gelungen viele Antworten mir dann am Ende dennoch erschienen und was in der kurzen Zeit alles geschehen war – durch die Bank bei jedem Team.

Auch noch heute, fünf Jahre später, ist mir diese frühe Design-Thinking-Erfahrung in guter Erinnerung. Damals fand ich die ungewohnte Arbeitskultur zunächst einfach erfrischend und sie hat viel Spaß gemacht. Spaß macht sie bis heute, das gehört essenziell dazu. Vor allem hatte ich in der Zwischenzeit jedoch auch immer wieder die Gelegenheit mitzuerleben, wie das Design Thinking im Leben der Menschen wirklich etwas zum Positiven bewegt und ungeahnte Möglichkeiten eröffnet. Zu erforschen, wie diese Prozesse genau zustande kommen, ist für mich eine außerordentlich spannende und lohnende Aufgabe. Hier gibt es zahlreiche reizvolle wissenschaftliche Herausforderungen. Um nur eine zu nennen: Ob es wohl einmal gelingen wird vorherzusagen, unter welchen Umständen Design Thinker in Ihren Projekten bahnbrechende neue Lösungsideen entwickeln, von denen Sie selbst ganz überrascht sind?

DR. VOLKMAR WECKESSER

Gothaer Systems

ZUR PERSON

Volkmar Weckesser begann nach seinem Studium der Technomathematik und seiner Promotion an der Universität Karlsruhe seine Karriere als Managementberater für die Monitor Company und Mitchell Madison Group im Finanzdienstleistungsbereich. 1998 wurde er Vorstandsassistent bei der Apotheker- und Ärztebank eG. Zwei Jahre später wechselte er zur Landesbank Kiel, bei der er die IT-Architektur und die IT/Organisationssteuerung des Hauses verantwortete und die technische Fusion mit der Hamburgischen Landesbank vorbereitete. Ab 2003 verantwortete er den Zentralbereich IT/Organisation der HSH Nordbank AG. Von 2009 bis Ende 2013 war er Leiter des Bereiches IT/Organisation (CIO) bei der DekaBank. Seit 2014 ist er Vorsitzender der Geschäftsführung der Gothaer Systems GmbH und Konzern-CIO der Gothaer Versicherung.

DER ERSTE KONTAKT MIT DESIGN THINKING

Im Jahr 2010 folgte ich einer Einladung der SAP zu einer Veranstaltung, die am HPI in Potsdam durchgeführt wurde. Es ging um die Präsentation und Vorstellung von HANA, der neuen Datenbanktechnologie der SAP, mit der durch eine Kombination von Speicherung der Daten im Hauptspeicher sowie neuen Speicherformen und Zugriffsalgorithmen um bis zu 100-fach schnellere Auswertungen möglich werden. Es wurden die Technologie und erste Anwendungsfelder erläutert. Daneben aber wurde auch – quasi als Blick in eine für

IT-ler eher fremde Welt – die Methode des Design Thinking von Prof. Weinberg vorgestellt. Schon diese erste Präsentation begeisterte mich restlos.

MARTIN WEGNER

Deutsche Post AG

ZUR PERSON

Martin Wegner arbeitete nach dem Abschluss seines Studiums zum Dipl.-Ing. für Produktionstechnik im Jahr 1993 als Projekt- und Fertigungsleiter im Bereich elektrischer Komponenten. Insbesondere war er hier verantwortlich für die Verlagerung und den Aufbau von Produktionsanlagen aus Deutschland in China und Indien.

Nach seinem Wechsel zu Deutsche Post DHL im Jahr 2002 hat er zunächst in verschiedenen operativen Funktionen innerhalb der DHL Express gearbeitet, um dann in der Konzernentwicklung Aufgaben im Bereich Merger&Integration und in der strategischen Planung zu übernehmen. Im Jahr 2006 wechselte er in den neu entstandenen Innovationsbereich des Konzerns und wurde 2010 zum Vice President Customer Solutions and Innovation ernannt. In dieser Funktion ist er verantwortlich für Research&Development der DHL sowie für das konzernweite Patentmanagement.

Im April 2014 wurde Martin Wegner als Vice President im Unternehmensbereich Post – eCommerce – Parcel (PeP) die Verantwortung für die Entwicklung eines attraktiven und nachhaltigen Privatkundenangebotes der E-POST übertragen.

Martin Wegner hat drei Kinder und lebt in der Nähe von Bonn.

DER ERSTE KONTAKT MIT DESIGN THINKING

Als Innovationsbereich ist es unser Ziel immer geeignete Methoden zu identifizieren und anzuwenden, die uns in unserer Aufgabe unterstützen. Methoden, die uns eine strukturierte und gleichzeitig kreative Zusammenarbeit mit unseren Kunden erlauben, um innovative Produkte und Services für die Logistik zu entwickeln. Der Einstieg zu Design Thinking kam über die Möglichkeit der Teilnahme an einer Design-Challenge. Interessant und letztendlich ausschlaggebend war das Angebot, mit Studenten unterschiedlicher Fachrichtungen in einem sehr intensiven, klar definierten Zeitrahmen zusammenzuarbeiten und dabei deren Kreativität, Dynamik und Motivation für unsere Problemstellung zu gewinnen.

CAROL WONG

Genovasi Malaysia

ZUR PERSON

Carol Wong entschied sich 2011, die Zusammenarbeit mit Ernst & Young aufzugeben, um zu einer Karriere zu wechseln, die ihr mehr persönlichen Freiraum bieten sollte. Mit ihrem Engagement bei Genovasi Malaysia seit 2012 ist für sie ein Traum in Erfüllung gegangen: Die Ausbildung von Führungskräften der Zukunft stellt für sie eine sehr befriedigende Aufgabe dar.

1988 machte sie einen Bachelor in Wirtschaft (Schwerpunkt Business Administration) an der University of Malaya. Im gleichen Jahr erhielt sie den Gold Award der Central Bank of Malaysia sowie den Gold Award der Harvard Business School Alumni für ihre akademischen Leistungen. Angefangen hat sie ihre Karriere als Beraterin bei Ernst & Young 1988. Zu ihrer Expertise gehören Großprojekte, Change-Management, Benchmarking Studies, Markt- und Industriestudien, Strategische Planung, Management-Beratung und Beratung im operativen Geschäft für Regierung und Organisationen des privaten Sektors.

2012 kam sie zur Malaysia Innovation Agency (AIM), wo sie an verschiedenen Bildungsinitiativen beteiligt war, so an der Einführung des International Baccalaureate (IB) an allen öffentlichen Schulen und der Entwicklung der 21st Century Skills and Competencies-Richtlinie. Zu ihren wichtigsten Initiativen bei AIM gehörte die Gründung des Innovations-Thinktanks Genovasi Malaysia, dessen Geschäftsführerin sie heute ist. Genovasi ist Malaysias einzige Design Thinking School und regionaler Partner des Hasso-Plattner-Instituts (HPI) School of Design Thinking in Potsdam.

Sie ist zudem Chief Inspiration Officer, so etwas wie Genovasis Supermum. Das bedeutet, dass sie ihr Team antreibt, »große, riskante und ehrgeizige Ziele« zu erreichen. Auch sorgt sie dafür, dass Design-Thinking-Werte den Geist des Hauses prägen, durch den alle Beteiligten Inspiration, Engagement und Handlungsbereitschaft erfahren. Wenn sie einmal nicht damit beschäftigt ist, die Bedeutung von Innovation in Bildung, persönlicher und beruflicher Entwicklung hervorzuheben, dann verbringt sie Zeit mit der Familie, geht ins Konzert oder auf Reisen.

DER ERSTE KONTAKT MIT DESIGN THINKING

Das erste Mal erfuhr ich von Design Thinking, als ich die d.school an der Stanford University im März 2012 besuchte. Mein Kollege und ich haben uns die d.school angeschaut und uns mit Design-Thinking und den Kursen dort vertraut gemacht. Beeindruckt hat uns, wie durch den Design-Thinking-Prozess innovative Lösungen für wirklich lebensnahe Aufgaben gefunden wurden, etwa bei dem *Embrace-Projekt*. Auch hat uns beeindruckt, dass sich das Design-Thinking-Programm an der d.school ausdrücklich an Studenten verschiedener Fächer wendet. In Malaysia verfolgen wir nun einen ähnlichen Ansatz, um Studenten verschiedener Universitäten und Fächer in die Lage zu versetzen, einen strukturierten Innovationsansatz zu erlernen.

LITERATUREMPFEHLUNGEN

Aguayo-Krauthausen, Raúl; Appelt, Marion (2014): *Dachdecker wollte ich eh nicht werden: Das Leben aus der Rollstuhlperspektive.* Rororo, Reinbek bei Hamburg

Brown, Tim (2009): *Change by Design: How Design Thinking Transforms Organizations and Inspires Innovation.* HarperBusiness, New York

Dark Horse Innovation (2014): *Thank God it's Monday!: Wie wir die Arbeitswelt revolutionieren.* Econ, Berlin

Doorley, Scott; Witthoft, Scott (2012): *make space – How to Set the Stage for Creative Collaboration.* John Wiley & Sons, Hoboken (New Jersey)

Erbeldinger, Jürgen; Ramge, Thomas (2013): *Durch die Decke denken: Design Thinking in der Praxis.* Redline Verlag, München

Gürtler, Jochen; Meyer, Johannes (2013): *Design Thinking in 30 Minuten.* GABAL, Offenbach

Kelley, David; Kelley, Tom (2013): *Creative Confidence: Unleashing the Creative Potential within us all.* Crown Business, New York

Kolko, Jon (2011): *Exposing the Magic of Design: A Practitioner's Guide to the Methods and Theory of Synthesis.* Oxford University Press, New York

Kumar, Vijay (2013): 101 Design Methods – *A Structured Approach for Driving Innovation in Your Organization.* John Wiley & Sons, Hoboken (New Jersey)

Liedtka, Jeanne; Oglivie, Tim (2011): *Designing for Growth – A Design Thinking Toolkit for Managers.* Columbia University Press, New York Chichester (West Sussex)

Martin, Roger L. (2009): *The Design of Business – Why Design Thinking is the Next Competitive Advantage.* Harvard Business Review Press, Boston (Massachusetts)

Moggridge, Bill (2007): *Designing Interactions.* The MIT Press Cambridge, Massachusetts

Mootee, Idris (2013): *Design Thinking for Strategic Innovation: What They Can't Teach You at Business or Design School.* John Wiley & Sons, Hoboken (New Jersey)

Mutius, Bernhard von (2008): *Die andere Intelligenz – Wie wir morgen denken werden.* Klett-Cotta, Stuttgart

Plattner, Hasso; Leifer, Larry; Meinel, Christoph (2014): *Design Thinking Research – Building Innovation Eco-Systems.* Springer-Verlag Berlin, Heidelberg, New York

Plattner, Hasso; Leifer, Larry; Meinel, Christoph (2013): *Design Thinking Research – Building Innovators.* Springer-Verlag Berlin, Heidelberg, New York

Plattner, Hasso; Leifer, Larry; Meinel, Christoph (2012): *Design Thinking Research – Studying Co-Creation in Practice.* Springer-Verlag Berlin, Heidelberg, New York

Plattner, Hasso; Leifer, Larry; Meinel, Christoph (2012): *Design Thinking Research – Measuring Performance in Context.* Springer-Verlag Berlin, Heidelberg, New York

Plattner, Hasso; Leifer, Larry; Meinel, Christoph (2012): *Design Thinking – Understand – Improve – Apply.* Springer-Verlag Berlin, Heidelberg, New York

Plattner, Hasso; Meinel, Christoph; Weinberg, Ulrich (2009): *Design-Thinking.* mi-Wirtschaftsbuch; Finanzbuch Verlag GmbH, München

Roam, Dan (2008): *Back of the Napkin – Solving Problems and Solving Ideas with Pictures.* Penguin Group, New York

Smith, Keri (2008): *How to be an Explorer of the World.* Penguin Group, New York

Verganti, Roberto (2009): *Design-Driven Innovation: Changing the Rules of Competition by Radically Innovating What Things Mean.* Harvard Business School Publishing Corporation, Boston (Massachusetts)